하리하라의 과학블로그 2

하리하라의
과학블로그 2

이은희 지음

살림Friends

머리말

2005년에 태어난 조카가 24학번 신입생이 되었습니다. 2005년과 2024년의 시간은 그렇게 갓 태어난 아이가 자라 성인이 되는 긴 시간입니다. 첫 번째 과학블로그가 2005년에 나왔으니, 벌써 시간이 참 많이 지난 셈입니다.

그간 우리 사회는 수많은 변화를 겪었습니다. 신종플루에서 시작한 감염성 질환의 대유행은 메르스를 거쳐 코로나-19로 확산되어 전세계를 강타했습니다. 전세계인들이 사회적 거리두기에 익숙해지면서, 삶의 많은 부분이 오프라인에서 온라인으로 옮겨갔습니다. 물리적 거리가 떨어져 있는 이와 만날 때 언제 어디서 만나야 적절할지 가늠하는 것이 아니라, 언제 만날지만 정하면 됩니다. 물리적 거리와 상관없이 온라인을 통해 얼마든지 화상으로 만날 수 있기 때문이죠. 코로나-19 이전에는 아이가 학원에 결석하게 되면, 따로 선생님과

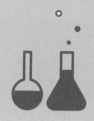

보강 날짜를 잡아야 했지만, 요즘은 결석한 날에 수업한 내용을 담은 동영상 링크를 보내줍니다. 회의와 수업 뿐 아니라, 오프라인에서 할 수 있는 거의 모든 것이 온라인에서도 가능하도록 플랫폼이 갖추어졌습니다.

그리고 2023년부터 본격적으로 등장한 생성형 AI의 도약도 우리 삶에 많은 영향을 주었습니다. 실시간으로 외국어가 번역되고, 무엇이든 질문하면 답을 해주며, 텍스트만 입력해도 멋진 그림을 그려주기도 하고, 내가 관심있어 하는 분야의 상품들을 알아서 팝업 광고로 띄워주기도 합니다. 하나하나 시행착오를 거쳐 부딪치며 익혔어야 했던 것들이 AI를 이용하면 별다른 실수없이 무난하고 적합한 답을 찾을 수 있습니다. 세상은 그렇게 변했고, 그 속도는 잠시 한 눈만 팔아도 저만치 앞서가고 있다고 느껴질 정도로 빨라지고 있습니다.

개정판 이전의 책의 서문에, "다른 각도에서 바라보면 저 사실을 다르게 받아들일 수 있지 않을까"라는 생각에 책을 썼다는 문구를 발견했습니다. 지금 이 순간 이 문장이 새롭게 다가옵니다. 책에 실린 열 가지 이야기를 대하는 기본적인 관점은 하나입니다. 세상 모든 것이 다면적으로 해석이 가능하다는 것이지요. 과학은 진리이고, 기술은 발전하며, 새로운 발전은 반드시 우리에게 편리함과 이로움을 가져다주지만, 이면에는 미처 생각지 못한 다른 모습이 자리 잡고 있을지도 모릅니다. 노파심에 하는 말이지만, 저는 음모론을 믿는다거나 세상 모든 것에 어두운 면이 반드시 존재한다고 믿는 비관론자가 아닙니다. 오히려 그 반대쪽에 가깝지요. 다만 세상 모든 면에는 내가 알고 있는 것과는 다른 점이 존재할 수 있다고 생각하기에, 내가 알지 못하는 것이 존재하지 않는다고 단정할 수 없다는 것뿐이죠. 제가 이 책에서 나누는 이야기는 여러분이 익히 알고 있는 것일 수도 있습니다. 그렇다면 저는 도리어 기쁠 겁니다. 세상에는 이면이 존재할 수 있다는 사실을 이미 알고 계신 분들과 이야기를 함께하는 것은 언제나 즐거운 일이니까요. 혹시 제가 나누는 이야기들이 여러분이 미처 생각지 못했던 사실이라면 그 또한 즐거운 일일 것입니다. 알고 있던 이야기의 뒷장에서 새로운 이야기를 발견하는 것도 더 없이 기쁜 일이니까요. 그럼 이제 제 이야기에 한번 더 귀 기울여 주시겠어요?

2024년 4월,
하리하라 이은희

차례

01

자연스러운 것이
다 좋은 것일까?

백신의 원리와 역할

애초에 항체는 선천적으로 가지고 태어나는 것이 아니라
외부의 다양한 항원의 자극을 통해 만들어지는 것이므로
우리는 결국 단독으로 살아갈 수 없는 존재입니다.

・・・

2017년, 인터넷 게시판에 이상한 행동을 하는 배우자에 관한 글이 올라왔습니다. 아이가 열이 펄펄 나는데 병원에도 데려가지 않고 아이에게 필수로 시행해야 하는 예방접종도 거부해서 부부간의 갈등이 심하다는 글이었습니다. 인터넷 게시판에서 비슷한 처지에 있다는 사람들의 글이 점점 추가되었고, 이 글들이 가리키는 방향을 따라가다 보니 한 인터넷 카페로 연결되었습니다. '약 안 쓰고 아이 키우기', 줄여서 '안아키'라고 불리는 자연주의 육아를 표방한 인터넷 카페였습니다(지금은 비공개로 전환되었습니다). 이 카페를 운영하는 사람은 항생제와 해열제를 비롯한 모든 약물이 아이에게 독이 되기 때문에, 백신 접종도 거부해야 한다고 주장했습니다. 병이 나도 약을 쓰지 않고 아이를 키우는 것이 진정으로 아이를 위하는 일이라는 카페 운영자의 말에 많은 부모가 동조해 한때 사회문제로까지 떠올랐습니다. 아이가 병에 걸려 아픈데도 자연적인 면역력을 길러준다는 이유로 병원에 데려가지도 않고 약을 쓰지도 않는다면 이는 아무리 좋게 포장해도 아동 학대에 가깝습니다. 게다가 혼자 살아갈 수 없는 인간 사회의 구조상 타인에게 전파 가능한 감염병에 걸린 아이를 치료하지 예방접종조차 거부하는 일은 개인뿐 아니라, 사회의 안전도 위협하는 일이 될 수 있습니다. 하지만 이후로 불거지기 시작한 백신 거부 논란은 2020년 전세계를 팬데믹에 빠뜨린 코로나-19 유행 때에도 여전히 되풀이되었습니다.

우리는 왜 병에 걸릴까

아기들은 어른들에 비해 면역력이 약합니다. 그래서 현대의학에서는 아기들이 태어날 때부터 다양한 백신 접종을 통해 부족한 면역력을 보강합니다. 가장 먼저 시작하는 건 B형 간염 그리고 이후 아이가 초등학교에 들어가기 전까지 BCG(결핵 백신), MMR(홍역, 유행성이하선염, 풍진 백신), DTaP(디프테리아, 파상풍, 백일해 백신), 폐렴구균/뇌수막염/A형간염/수두/일본뇌염/소아마비/로타바이러스/독감을 예방하는 백신을 시기와 횟수에 맞게 접종하도록 권장합니다. 질병관리청의 예방접종도우미사이트(https://nip.kdca.go.kr)에는 아이의 성장 단계에 따라 접종해야 하는 백신이 소개되어 있으며, 6세 미만의 미취학 아동에게는 이 모든 백신이 무료로 제공됩니다. 도대체 국가는 왜 이 수많은 백신에 엄청난 비용을 들여가며 모든 아이에게 백신을 접종하도록 권장하는 걸까요?

백신^{vaccine}은 인체가 지닌 다양한 면역 기능 중 가장 핵심적인 대응 체계인 '항체^{antibody}'를 병에 걸리기 전에 미리 만들도록 면역 체계를 자극하는 모든 물질을 일컫습니다. 인간이 살아가는 지구에는 인간만 사는 것이 아닙니다. 여기서는 단지 다른 동물과 식물만 이야기하는 건 아닙니다. 지구 생태계에서는 오히려 우리 눈에 보이지 않는 미생물이 더 큰 몫을 하고 있습니다. 대부분은 인간에게 별로 해가 없지만 그중 일부는 인체로 들어와 자리를 잡고 병을 일으킬 수 있습니다. 그래서 우리 몸은 달갑지 않은 외부 침입자를 퇴치할 수 있는 다양한 면역 시스템을 갖추도록 진화해왔습니다.

인체는 크게 선천면역과 후천면역의 두 가지 면역 기능을 가지고 태어납니다. 선천면역은 말 그대로 태어날 때부터 가지고 태어나는 면역 체계이고, 후천면역은 탄생 이후 계속 보강되는 면역 체계를 가리킵니다. 특히 면역력에서는 후천면역이 중요한데, 가슴샘^{thymus}에서 성숙하는 T세포와 골수^{bone marrow}에서 성숙하는 B세포가 후천 면역 작용을 담당합니다. 이들의 역할은 매우 다양하지만, 크게 T세포는 외부 병원균에 직접 공격하는 역할을 담당하고, B세포는 침입자를 물리치는 데 매우 효과적인 무기인 항체를 만들어 후방 지원을 하는 형태로 이루어집니다. 이때 후천면역의 핵심이 바로 B세포가 만드는 항체입니다. 항체는 침입자를 물리치는 매우 치명적 무기일 뿐만 아니라, 아무나 공격하는 것이 아니라 질병을 일으키는 딱 그 원인균만 선택적으로 골라서 효과적으로 공격하는 매우 스마트한 질병 퇴치 무기입니다.

'효율적인' 무기란 위력도 충분해야 하지만, 가급적 부수적 피해도 적어야 합니다. 폭탄은 매우 강력한 살상 무기지만 제대로 쓰지 않으면 오히려 내가 피해를 입을 수 있습니다. 폭탄은 분별력이 없어 일단 터지면 아군이든 적군이든 모두 상처를 입히기 때문이죠. 하지만 병원체를 공격하는 항체는 다릅니다. B세포는 항체를 특정 병원균에 특화된 맞춤형으로 만들기 때문에 다른 개체나 세포에게는 아무런 해를 입히지 않습니다. 항체는 눈 감고 허공을 향해 아무 데나 활시위를 당겨도 아군은 피하고 적군만 공격하는 '마법의 화살'인 셈입니다.

물론 이런 항체의 선택성은 저절로 생겨나는 것이 아닙니다. 인체에 어떤 종류든 외부 물질(그것이 세균이든 바이러스든 그저 낯선 단백질 덩어리든)이 유입되면, 대식세포처럼 직접 병원체와 맞붙어 먹어치우는 면역 세포가 이를 삼키고 분해시켜 여기서 얻어낸 단백질 조각들을 세포 겉에 붙이고 다니면서 다른 세포에게 경고합니다. 마치 경찰들이 범죄자들의 신상정보나 몽타주를 공개해 더 많은 경찰들에게 알려 범인 검거에 힘을 합치는 것과 비슷합니다. 이처럼 면역 세포가 전시하는 외부 물질의 조각을 '항원antigen'이라고 합니다.

B세포는 항원을 전시하는 세포와 접촉해 항원의 구조를 파악하고 이를 무력화시키는 데 꼭 맞는 항체를 제작합니다. 이 과정에서

익숙하게 여러 번 접한 항원이라면 항체가 상대적으로 빠르게 만들어지지만, 처음 만나는 낯선 항원이라면 항체를 만들어내는 데 시간이 많이 걸릴 수 있습니다. 신상 정보가 익숙한 한글로 쓰여 있으면 쉽게 이해할 수 있지만, 낯선 나라에서 온 범죄자라 그 나라 말로 쓰여 있으면 이를 번역하고 이해하는데 시간이 많이 걸리는 것과 비슷합니다. 그래서 돌연변이 신종에 의한 새로운 감염병일수록 치명적인 이유는, 이들이 지닌 정보가 너무 낯설어서 B세포가 이를 인식해 항체를 만드는 데 시간이 오래 걸리기 때문입니다. 그런데 이 B세포의 활성과 민감성은 개인에 따라 차이가 큽니다. 똑같은 병원체에 노출되더라도 누구는 병에 걸리고 누구는 병에 걸리지 않습니다. 병에 걸리더라도 앓고 나서 다시 건강을 회복하는 사람이 있는가 하면 같은 병에 걸리고도 회복하지 못하거나 심지어 목숨을 잃는 사람도 있습니다.

이러한 차이는 대부분 특정한 시간 내에 B세포가 적절한 항체를 만들어내느냐의 여부에 달려 있습니다. 병에 걸린다는 것은 면역계가 특정 병원체가 몸속으로 들어왔을 때 초기에 효과적으로 제압하지 못했다는 뜻이며, 병에 걸리지 않는다는 것은 들어오자마자 조기 진압에 성공해 병원체가 아예 몸속에 발도 못 붙이게 만들었다는 의미입니다. 특히 후자는 이미 체내에 병원체에 대한 항체를 미리 갖추고 있거나 병원체가 증식조차 하지 못할 정도로 빠른 시간 내에 효과적인 대응책을 마련했다는 뜻이 됩니다. 특정한 병원체에 노출되었을 때 질병에 걸려서 앓는다는 것은 병원체가 우리 몸속에서 효과적으로 증식하는 데 성공했지만 아직 B세포가 제대로 된 항체를 만들 만한 시간이 부족하다는 것입니다. 반대로 병에서 치료된다는 것은 초반에 병원체가 증식되는 것은 막지 못했지만, 결국에는 B세포가 항체를 만드는 데 성공했다는 것입니다. 한편 병에 걸렸지만 이겨내지 못하고 사망한다는 것은 병원체가 인체 시스템 전체에 돌이킬 수 없는 치명적인 악영향을 미칠 때까지도 항체를 만드는 데 실패했다는 말입니다.

개인마다 면역계의 특성은 천차만별이어서 완전한 항체를 만들어내는 데 걸리는 시간은 저마다 다르지만, 평균적으로 낯선 병원체에 대해 항체를 만들어내는 데는 약 2주 정도 걸린다고 합니다. 이것은 어디까지나 평균적인 기간일 뿐, 사람에 따라서는 이보다 빠르기도 하고 느리기도 합니다. 때로는 아예 항체를 만들지 못하기도 하지요. 우리 몸이 더 쇠약해지거나 치명적으로 망가지기 전에 항체를 만들어내는데 성공한다면, 일단은 병에서 회복될 수 있습니다. 이처럼 항체는 매우 중요할 뿐 아니라, 하나의 항체를 만드는 데는 꽤 많은 노력과 시간이 필요하기 때문에 B세포는 일단 특정 항체를 만들어내면, 이를 만드는 데 필요한 정보를 폐기하지 않고 기억세포memory cell에 저장해두어 나중을 대비합니다. 이처럼 B세포가 만들어낸 항체의 정보를 기억해두는 것이 바로 면역력의 핵심입니다.

전염력이 매우 높은 편에 속하는 질병 중 하나는 홍역입니다. 홍

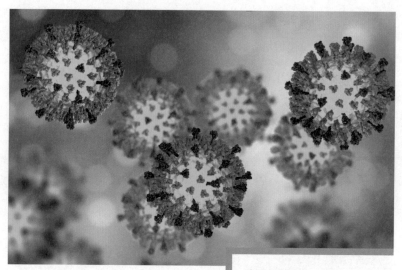

홍역바이러스
홍역바이러스는 감염력이 매우 높은 편에 속하지만, 홍역에 한번 걸렸다가 낫는 과정에서 항체가 생긴 사람에게는 홍역바이러스가 더 이상 감염되지 않습니다.

역의 기초감염재생산지수(감염자 한 사람이 평균적으로 감염시킬 수 있는 2차 감염자 수)는 12~18입니다. 독감을 일으키는 인플루엔자 바이러스의 기초감염재생산지수가 1~2이고, 가장 최근 팬데믹을 일으킨 코로나-19의 기초감염재생산지수가 3~5 정도인 것과 비교해도 어마어마한 수치입니다. 게다가 홍역바이러스는 공기 전염이 가능해 항체가 없는 사람이 홍역에 걸린 사람과 마주치면 감염될 확률이 99%입니다. 하지만 감염력이 경악스러울 정도로 높은 홍역바이러스도 한번 홍역에 걸렸다가 나은 사람 앞에서는 맥을 못 춥니다. 홍역에 걸렸다가 낫는 과정에서 홍역바이러스를 퇴치하는 확실한 항체를 갖추기 때문에 이후에는 체내에서 아무리 많은 홍역바이러스에 노출되더라도 초기에 모두 소멸되어 질병으로 연결되지 못하니까요. 홍역만이 아니라 거의 대부분의 감염증은 일단 질병에 걸렸다가 나으면 거의 확실하게 면역력을 갖추게 됩니다.

이 원리를 옛사람들도 어렴풋이 깨달은 것 같습니다. 근대 이전, 가장 위험한 질병인 천연두가 발생하면 예전에 천연두에 걸렸다가 나은 사람에게 간호를 맡기는 풍습이 있었다고 합니다. 병에 걸렸다가 낫는 것이 항체를 확실히 생성할 수 있는 방법이므로 어쩌면 질병이 면역력을 강화시킨다고 볼 수도 있습니다. '안아키'에서 이 부분을 주장했지요. 하지만 이는 목숨을 건 도박이나 다름없는 행위입니다. 일단 병에 걸리면 매우 고통스럽습니다. 개인마다 면역 체계가 다르니 모든 사람이 제시간에 항체를 만들어낸다는 보장도 없습니다. 시간 내에 항체를 만들지 못하면 사망할 수도 있으므로, 이런 모험은 무모함을 넘어 무식한 짓이라 할 수 있습니다. 어떤 질병이든 걸린 뒤에 요행을 바라기보다는 걸리기 전에 예방하는 것이 가장 좋습니다.

백신이란 무엇인가

B세포의 항체 정보 저장 능력을 이용해 인공적으로 면역력을 갖추도록 돕는 것이 바로 백신입니다. 백신의 기본 원리는 'B세포를 속

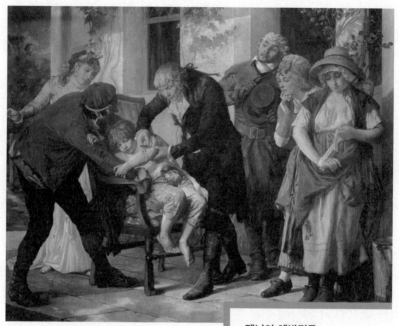

여 병에 걸리기 전에 미리 항체를 만들어두게 하는 것'입니다. 따라서 백신을 만들 수 있는 원료는 '특정 질병의 원인균에서 유래된 물질이어서 B세포를 자극해 항체를 만들어낼 수 있지만, 질병을 일으킬 가능성은 매우 낮은 물질'이어야 합니다. 우리가 바라는 건 백신을 통해 질병에 걸리지 않도록 하는 예방 능력이지 병에 걸리는 것은 아닐 테니까요. 거꾸로 말하면, 병에 걸리지 않고 인체에 치명적인 영향을 미치지 않으면서 B세포를 자극해 항체를 만들 수만 있다면 어떤 것이든 백신의 재료가 될 수 있다는 뜻입니다.

인류가 인공적으로 만든 최초의 백신인 천연두 예방 백신은 우두병에 걸린 소의 물집에서 추출한 고름이었습니다. 우두병은 우두 바이러스에 감염되어 일어나는 질병으로 피부에 고름이 든 물집이 잡히지만 생명에는 큰 지장이 없습니다. 우두 바이러스는 주로 젖소의 유선 부근을 감염시키기 때문에, 소젖을 짜던 이들 중에는 우두에 걸린 소의 젖을 짜다가 물집이 터지면서 거기서 나온 고름이 손에 묻어 우두에 걸리는 경우가 종종 있었습니다. 우두는 목숨에는 지장이 없는 질병이라 며칠이 지나면 회복하지만, 우두에 걸린 이들은 훗날 아무리 천연두가 대유행을 해도 병에 걸리지 않는 이상한 속성을 보였습니다. 이 현상에 흥미를 느낀 영국의 의사인 에드워드 제너^{Edward} ^{Jenner, 1749~1823}는 1796년 처음으로 소의 우두 물집에서 뽑아낸 고름이 천연두를 예방할 수 있다는 사실을 증명해 '백신의 시대'를 열었습니다. 제너의 성공 이후 한참 지나서 우두가 천연두를 예방할 수 있는 이유가 알려집니다. 우두 바이러스와 천연두 바이러스는 구조가 매우 유사해 우두에 걸리면 B세포가 천연두에 걸린 것으로 착각해 해당 질병의 항체를 미리 만들어두기 때문이었습니다.

이제 사람들은 병에 걸리기 전에 병에 걸렸다 나은 것처럼 면역계를 속일 수 있는 물질을 찾기 시작합니다. 천연두-우두처럼 서로 비슷하지만 덜 위험한 질병을 일으키는 병원체를 찾거나, 질병을 일으킬 수 없을 정도로 매우 약해진 병원체를 사용하기도 하며(약독화 생백신), 이미 죽어서 질병을 일으킬 수는 없는 병원체의 사체를 백신 제조에 이용하기도 합니다(불활성화 사백신). 이 방식은 매우 효과적이지만 체내의 면역계가 지나치게 약해져 있거나 충분히 병원체의 독성이 제거되지 않으면 오히려 질병에 걸릴 가능성을 완전히 배제할 수 없습니다. 가장 잘 알려진 불행한 사고는 소아마비 생백신 사고입니다. 소아마비란 폴리오바이러스가 원인인 감염병으로, 약 1/3의 환자들에게 다리, 얼굴, 목 등에 영구적인 마비 증상이 남을 수 있고, 호흡근 마비로 사망할 가능성도 최대 5%에 달하는 무서운 질환입니다. 1952년, 미국에서는 최악의 소아마비 대유행이 불어닥쳤습니다. 미국 전역에서 58,000명의 환자가 발생했고, 이들 중 2만명이 넘는 사람들은 신체 일부가 마비되는 불행을 겪었고, 3천여명이 목숨을 잃기도 했습니다.

당시 이 치명적인 질병을 두려워하던 이들을 구원한 건 일명 기적을 만드는 사람^{miracle worker}라 불렸던 미국의 바이러스학자 조너스 소크^{Jonas Salk, 1914~1995}였습니다. 1955년 개발된 소크의 소아마비 백신이 도입되자마자 소아마비 환자는 연간 수만명에서 백여명대로 급감합니다. 하지만 소아마비 백신에 대한 수요가 급증해서였을까요? 한 제약회사가 백신 제조과정에서 실수로 바이러스의 독성을 완전히 제거하지 않은 채 백신을 제조하는 치명적인 실수를 저질렀고, 이 백신을 맞은 사람들 중 113명이 소아마비에 걸려 이 중 5명이 사망하는 비극이 발생합니다. 이 숫자는 같은 기간 소아마비 백신에 의해 바이러스의 위협에서 벗어난 이들의 수와 비교하면 적은 수이긴 하지만, 인간의 목숨을 단지 숫자로만 환산할 수는 없겠지요. 게다가 질병을 예방하기 위해 맞은 백신으로 인해 오히려 병에 걸렸으니 더욱 억울하고 안타까운 일이기도 하고요. 지금은 소아마비 약독화 백신은 더 이상 접종하지 않습니다. 현재 아이들에게 접종하는 소아마비 백신은 바이러스를 완전히 사멸시켜 절대로 병을 일으키기 못하도록 처리한 백신이니 안심하고 접종해도 됩니다.

최근에는 효과가 좋으면서도 좀 더 안전한 백신을 개발하기 위해 병원체 자체가 아니라 병원체가 분비하는 특이한 단백질(결합 백신, 재조합 백신)이나 비활성화시킨 독소 물질(톡소이드 백신)을 백신 개발에 이용합니다. 또한 병원균의 항원 부분만 코딩하는 DNA를 넣어주어 스스로 항원 물질을 만들게 해서 B세포를 자극하는 DNA 백신이나 병원성이 없는 바이러스에 항원 유전자를 넣어 면역 기능을 활성화시키는 재조합 바이러스 벡터 백신, DNA 대신 mRNA를 이용한 백신 등 다양한 백신이 연구·개발되고 있습니다. 또한 예방 기능을 넘어 이미 병에 걸린 이들을 항체를 이용해 치료하는 치료 백신들도 속속 개발 중에 있습니다.

우리가 해야 할 일

　백신 접종은 건강해지기 위해 일부러 '선택한 일'입니다. 그런데 매우 드문 확률이기는 해도, 이 선택이 오히려 건강을 해치는 경우도 있습니다. 앞서 말한 소아마비 백신 사고처럼 말이죠. 백신에 대한 공포와 백신 거부의 뿌리는 여기서 파생되었습니다. 현대사회에서는 사람들 대부분이 백신을 접종하다 보니 일종의 '집단 면역'이 형성되어 백신을 맞지 않아도 병에 걸리지 않는 상황이 늘어나고 있습니다. 집단 면역이란 사회집단 구성원 대부분이 면역력을 갖추고 있어 병원체가 소수를 감염시킨다 하더라도 다른 숙주로 옮겨 가지 못하고 스스로 사멸해 집단 유행이 발생하지 않는 것을 말합니다. 일단 집단 면역이 형성되면 집단 내 한두 명 정도는 백신을 맞지 않아도 다른 사람들이 차단벽이 되어 병에 걸리지 않습니다. 하지만 누군가는 착각하기도 합니다. 다른 사람들이 방벽이 되어주기 때문에 내가 병에 걸리지 않는 것이 아니라, 원래 이런 질병 자체가 없거나 별로 위험하지 않은 질병인데 제약 회사가 돈을 벌려고 병에 걸릴지도 모를 위험한 백신을 접종하라고 강권한다고 말이죠.

　이는 매우 위험하고 어리석은 생각입니다. 그리스신화에 등장하는 나르키소스는 누구나 한 번쯤 고개를 돌려 쳐다볼 만큼 잘생긴 젊은 이였지만 자기 자신만 사랑하는 인물이었지요. 기다리다 지쳐 목소리만 남은 에코를 비롯해 수많은 이들의 사랑을 거절한 그는 결국 물에 비친 자신의 모습과 사랑에 빠졌고, 하염없이 자기 모습만 응시하다가 죽어서 수선화가 되었다고 합니다. 카라바조의 작품 「나르키소스」는 면역력의 개념을 설명하기 위해 과학 잡지 「사이언스」 2002년 4월호의 표지에 등장합니다.

과학 잡지 「사이언스」에 등장하는 나르키소스

『면역에 관하여』의 저자 율라 비스는 이 신화를 면역력과 연관해 '우리가 자기에게만 지나치게 몰두해 남들의 아름다움을 음미할 줄 모를 때 어떤 일이 벌어지는지를 경고'하는 이야기라고 말합니다. 내 몸은 나 자신의 것인 동시에 다른 사람들과 연결된 존재이기도 합니다. 면역력이란 결코 나 혼자만 바라본다고 해서 만들어지지 않습니다. 내 몸은 이질적이고 낯선 것을 모두 공격하고 내부로 들어오지 못하게 막는 철옹성이 아닙니다. 내 것이기는 하지만 외부 다양한 이들과 함께 공유하는 열린 정원입니다. 우리는 몸 내부에서 항체를 만들어 면역력을 얻기도 하지만, 집단 면역을 통해 타인이 만들어낸 항체를 공유하기도 합니다. 애초에 항체는 선천적으로 가지고 태어나는 것이 아니라 외부 다양한 항원의 자극을 통해 만들어지는 것이므로 우리는 결국 단독으로 살아갈 수 없는 존재입니다.

면역 세포에 기억상실증을 일으키는 홍역

이 세상에 존재하는 질병 중 가장 감염 전파력이 높은 질환 중 하나가 바로 홍역입니다. 홍역바이러스에 감염되면 고열과 발진, 결막염, 구강 내 발진 등의 증상을 보이고, 중이염과 폐렴, 뇌염 등의 합병증을 일으켜 심하면 사망에 이를 수도 있습니다. 홍역 자체의 사망률은 2% 내외지만, 워낙 감염률이 높아 백신이 개발되기 전에는 감염자가 전 세계에 연간 1억 3,000만 명 이상에 달하고 그중 600만 명 정도가 사망했습니다. 우리나라도 백신이 도입되기 전인 1960년대 중반까지 매년 100만 명 정도가 홍역에 걸렸고, 이 중 2만 명이 목숨을 잃었습니다. 사망에 이르지 않더라도 실명이나 난청, 뇌손상 등 홍역 후유증으로 평생 고통받는 이들이 부지기수였지요. 설사 후유증 없이 병이 나았더라도, 결코 그 과정이 수월하지는 않았습니다. 표준국어대사전에는 '몹시 애를 먹거나 어려움을 겪다'라는 뜻을 지닌 관용어로 '홍역을 치르다'라는 어구가 등록되어 있습니다. 그만큼 홍역을 앓아내는 일이 힘겹다는 말이겠지요.

이처럼 인류를 오랫동안 괴롭혀온 홍역이 맥을 못 추게 된 건 1955년 홍역 백신이 개발되고 1971년 홍역-유행성이하선염(볼거리)-풍진을 모두 예방하는 복합 백신인 MMR이 보급된 이후였습니다. 홍역 백신 접종률이 늘어나는 것과 반비례해 홍역의 발병률은 급속도로 떨어졌습니다. 점차 홍역은 의료 체계가 낙후된 지역, 백신을 접종받을 수 없는 지역의 문제로 축소되었고, 이 지역에도 백신만 보급된다면 홍역의 박멸은 가능하리라 생각되었습니다. 하지만 2000년대 들어 홍역이 박멸되었다고 생각한 지역에서 다시금 홍역이 유행해 보건 당국을 근심에 빠트리고 있습니다. 그리고 홍역의 재유행은 자연적인 원인이 아닌 인위적인 원인으로 말미암은 것이기에 더욱 문제가 컸습니다. 다름 아닌 백신 거부 운동의 결과였기 때문이죠.

앞서 말한 대로 홍역은 결코 만만한 질병이 아닙니다. 홍역바이러스의 감염률이 높은 건 홍역 바이러스가 주로 공격하는 대상이 면역세포이기 때문입니다. 특히나 홍역바이러스는 면역세포의 기억 능력에 엄청난 손상을 줍니다. 인체는 질병에 걸리면 병을 퇴치하는 항체를 만들고 이 항체로 질병의 원인균을 퇴치한 뒤 이를 기억 세포에 저장해두어 다음에는 똑같은 병에 걸리지 않도록 합니다. 홍역도 마찬가지입니다. 홍역바이러스를 퇴치할 항체를 만들어 기억세포에 저장하기 때문에 홍역에 한번 걸렸다가 나으면 다시 안 걸립니다.

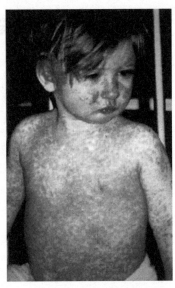

홍역에 걸린 어린아이

그러나 홍역바이러스는 면역 세포 자체를 공격하기 때문에 홍역을 앓고 나면, 홍역을 앓기 이전에 획득한 면역 기억에 관한 정보가 사라지게 됩니다. 이를 홍역에 의한 면역 기억상실 Measle-induced immune Amnesia라고 하지요. 이 때문에 홍역을 치렀던 사람들에게는 이전에 접종했던 백신들을 모두 다 다시 접종받을 것을 권장합니다

현대과학은 우리에게 병에 걸리지 않고도 질병을 막을 수 있는 백신이라는 효과적인 무기를 선사했습니다. 물론 백신이 100% 안전한 것만은 아닙니다. 알레르기나 거부반응으로 백신을 접종할 수 없기도 하고, 백신 자체의 문제로 부작용이 생기는 경우도 있었습니다. 하지만 아무런 근거 없이 막연한 불신만으로 백신을 모두 거부하는 것은, 인류가 오랫동안 발전시킨 과학기술을 부정하는 것이나 마찬가지입니다. 그건 홍역바이러스가 면역계에서 기억력을 지워버리듯, 인류 역사에서 중요한 발전을 지워버리는 것과 같은 일이랍니다.

02

젊은이의 피는
노화를 막아줄까?

노화와 젊음에 대한 연구

불로불사는 진시황 시절부터 모든 이가 꿈꿔온 일인데,
그 방법이 단지 '조금 덜 먹는 것'이라고 하니
역시 파랑새는 저 먼 곳이 아닌
우리 가까이에 있는 것 같습니다.

···

시간이 지나면서 한 세대를 풍미하는 대중 과학의 유행이 바뀌듯 괴물이나 초자연적인 존재의 유행도 바뀝니다. 제가 어릴 때는 원한을 품고 죽은 혼령이 이승에 남아 있는 원귀寃鬼를 다룬 이야기가 많았습니다. 그런데 언제부턴가 비물질적 존재인 혼령보다 물질적 실체, 즉 몸을 지닌 존재가 공포 영화 속 단골 소재가 되고 있습니다. 각종 돌연변이 괴물이나 외계생명체, 몸이 썩어 문드러지는데도 멀쩡히 돌아다니는 좀비, 사람의 피를 빨아먹으면서 생명과 젊음을 유지하는 뱀파이어 등이 그렇죠.

그중 눈길을 끄는 건 흡혈귀라고도 불리는 뱀파이어입니다. 뱀파이어는 전통적으로 동유럽 지역의 전설에 등장하는 존재입니다. 창백한 피부에 뾰족한 송곳니를 지닌 뱀파이어는 햇빛에 닿으면 몸이 타들어가 낮에는 두꺼운 관 안에서 자다가 해가 지면 나와 돌아다니며 사람들의 더운 피를 빨아먹죠. 뱀파이어의 기원에 관해서는 갖가지 설이 있습니다. 먼저 뱀파이어의 대명사처럼 여겨지는 드라큘라 백작은 15세기 중세 유럽 왈라키아 공국의 영주인 블라드 3세에서 기원했다고 합니다. 정복 군주인 블라드 3세는 잡은 포로들을 말뚝에 박아 죽이는 끔찍한 형벌을 부과해 '피의 군주'로도 악명이 높았습니다. 19세기 소설가 브램 스토커는 블라드 3세의 별명인 드라쿨레아^{Draculea=용의 아들}에서 이름을 빌려온 흡혈귀 드라큘라 백작을 소설에 등장시켰고, 이 소설이 공전의 히트를 치고 영화로도 많이 만들어지면서 '드라큘라 백작=뱀파이

블라드 3세

소설 속 주인공 드라큘라 백작의 모티브가 된 왈라키아 공국 영주인 블라드 3세의 초상화입니다. 여러분이 상상하던 드라큘라와 닮았나요?

어'라는 고정된 이미지가 알려집니다. 하지만 뱀파이어 이야기의 근원으로 알려진 전설들은 이보다 더 앞선 세대부터 시작되었습니다.

고대부터 피는 귀중하고도 신성한 존재인 동시에 차별과 멸시의 대상이기도 했습니다. 일단 모든 피는 혈관 안에 들어 있기 때문에 평소에는 보이지 않는 것이 정상이고, 몸 밖으로 흘러나오는 경우에는 대부분 끝이 좋지 못했습니다. 그래서 피는 생명의 근원이라고 생각했습니다. 고대의 전설에서는 피를 신성시하기도 하고 천시하기도 했습니다. 고대의 풍습에는 고귀한 신에게 동물이나 사람의 피를 내서 제물로 바치는 일을 어렵지 않게 볼 수 있습니다. 우리나라의 고

문서에도 가족들이 손가락을 잘라 피를 내어 병자에게 먹여서 살려 냈다는 단지斷指 설화가 많습니다. 한편, 출신 민족이 다른 남녀 사이에 태어난 아이는 혼혈混血이라 불러 업신여겼고, 계급이 낮은 사람과 혼인하는 건 천한 피가 섞인다는 이유로 극렬히 반대했지요. 물론 이 책 6장에서 이야기하듯이 과학이 발달하면서 혈액을 둘러싼 다양한 속설이나 지나친 신성화, 부정적 인식은 많이 옅어졌지만, 현대과학은 다른 관점에서 이 피에 사람들의 이목을 끌게 했습니다.

젊은 피에 대한 욕망

흔히 '젊은 피를 수혈한다'는 표현은 기존의 침체된 조직에 고정관념에 물들지 않은 젊은 세대를 투입해 활력을 불어넣을 때 쓰입니다. 현대과학에서는 이 말이 문자 그대로 '젊은 사람의 피를 나이든 사람에게 주입해 노화를 방지한다'는 의미로 쓰일 수 있습니다. 지난 몇 년 동안 노화를 연구하는 과학자들은 생쥐 실험을 통해 젊은 생쥐의 피가 늙은 생쥐의 장기에 활력을 불어넣는다는 사실을 발견했습니다. 뱀파이어와 설정은 같지만 피를 먹인 것은 아니었습니다. 사실 피를 입으로 먹으면 그저 소화되어 영양보급원이 될 뿐입니다. 소의 피로 만든 선짓국이나 돼지 피로 만든 순대처럼 말이죠. 때문에 과학자들이 이용한 방식은 '개체결합parabiosis'입니다. 개체결합은 젊은 생쥐와 늙은 생쥐의 혈관계를 직접 연결해 두 쥐의 피를 서로 순환시키는 방식을 말합니다.

사실 개체결합을 통해 개체의 피를 순환시키려는 시도는 오래전부터 있었다고 합니다. 이미 1864년 생리학자 폴 버트가 처음으로 서로 다른 두 개체의 순환계를 연결해 피를 통하도록 만드는 것에 성공했습니다. 하지만 당시에는 면역학적인 이해가 별로 없어 순환계를 연결시킨 동물이 얼마 가지 못해 수혈 부작용이나 면역 거부 반응으로 죽는 일이 많아 널리 사용될 수는 없었다고 합니다. 마치 흑마술사의 실험실에서나 볼 수 있을 법한 다소 기이한 실험이 다시 등장한 건 20세기 중반입니다. 이즈음에는 수혈의 부작용과 면역에 관한 개념도 어느 정도 자리를 잡았고, 혈액응고제, 혈관 결찰법의 발달로 피가 굳지 않고 혈관의 손상도 덜하도록 혈관계를 이어주는 것이 가능해졌으니까요. 과학자들은 이를 이용해 다양한 실험을 진행했다고 합니다.

그중 흥미로운 실험은 충치 발생의 원인 증명입니다. 예부터 충치는 단 음식을 많이 먹으면 생긴다고 생각했습니다. 하지만 정말로 단 음식이 충치의 유일한 원인이라면 충치가 많이 생기는 사람일수록 당뇨병 발생 위험도 높아져야 합니다. 당뇨병은 정확히 혈관 내 혈당 수치가 지나치게 높아지면 생기는 병이니까요. 하지만 기존 연구 결과 둘 사이에는 별다른 상관관계가 없을뿐더러 실제로 단 음식을 많이 먹어도 전혀 충치가 생기지 않는 사람이 많았습니다. 과학자들은 개체결합으로 서로 혈액이 통하는 두 마리 생쥐 중 한쪽에만 설탕을 먹여보았습니다. 한쪽만 설탕을 먹어도 두 생쥐의 혈액이 섞이므로 둘 다 혈당이 높아집니다. 하지만 충치는 설탕을 직접 먹은 생쥐 쪽에서만 생겼습니다.

사실 충치가 생기는 것은 당분 때문이 아니라 입속에 사는 세균인 뮤탄스균 때문입니다. 뮤탄스균은 당분을 먹고 분해 산물로 산酸을 분비하는데, 이것이 치아의 단단한 조직을 녹여 충치가 생깁니다. 따라서 당분이 체내에 들어오는 경로가 입이 아닌 혈관이라면 혈당이 높아져도 충치는 생기지 않습니다. 또한 뮤탄스균이 입속에 살지 않는다면 단 음식을 아무리 많이 먹어도 당뇨병은 걸릴지언정 충치는 생기지 않습니다. 즉, 충치는 입 안에 뮤탄스균이 존재하는 상태에서 이들에게 당분을 직접 먹이로 줄 때만 생기는 질환입니다.

사람들은 이를 역이용해 당분으로 뮤탄스균을 죽이는 기발한 방법을 생각해냅니다. 바로 자일리톨입니다. 일종의 천연 감미료인 자일리톨은 당과 분자구조가 유사하고 달콤한 맛도 비슷합니다. 그래서 뮤탄스균도 자일리톨을 아주 좋아합니다. 그런데 자일리톨은 뮤탄스균이 소화시키지 못하는 형태의 당분입니다. 자일리톨을 먹은 뮤탄스균은 이를 분해하지 못한 채 그대로 배출하고, 다시 자신이 뱉은 자일리톨을 먹고 뱉고 하는 과정을 무한 반복하다가 결국 굶어 죽습니다. 그래서 자기 전에 자일리톨 껌을 씹으면 뮤탄스균이 산을 만들어내지 못해 충치를 예방하는 효과가 있다고 주장하는 것이죠. 실제로 자일리톨은 충치 예방에 효과가 있습니다. 하지만 자일리톨만으로 충치를 예방하려면 자일리톨 100%인 껌을 매일같이 10개 이상 6개월 이상 씹어야 합니다. 게다가 사람 역시도 자일리톨을 분해 및 흡수하지 못하므로(그래서 자일리톨이 설탕을 대체하는 다이어트 감미료로 각광받는 것이죠) 많이 먹는 경우에는 소화불량이나 복통의 원인이 되기도 합니다. 무엇보다 충치를 예방하는 최고의 방법은 이를 잘 닦는 것입니다.

어쨌든 이야기가 다른 곳으로 흘러갔는데, 초기의 개체결합 실험은 다양한 질병의 원인이 혈액 속에 있는지 아니면 또 다른 이유가 있는지 증명하는 실험법으로 주로 이용되었습니다. 그런데 실험을 하던 중, 우연히 서로 나이 차이가 많이 나는 개체들을 결합시키면서 이것이 회춘의 실마리가 될 수 있다는 사실이 밝혀집니다.

이 연구를 2015년 「네이처 *Nature*」에 실린 특집 기사에 따르면 젊은 생쥐와 결합된 늙은 생쥐는 독립된 늙은 생쥐보다 평균적으로 4~5개월 정도 더 오래 산다는 결과를 얻습니다. 이 정도 기간은 별것 아니라고 생각할 수 있지만, 실험용 생쥐의 최대 수명이 3년이라는 사실을 고려해보면, 4~5개월은 사람에게는 8~10년에 해당합니다. 특히 젊은 생쥐와 결합된 늙은 생쥐는 더 오래 살 뿐만 아니라, 심장, 뇌, 근육 등 거의 모든 장기의 활성도 증가하는 것으로 나타났습니다. 늙은 생쥐는 일시적으로나마 강하고 똑똑하고 건강한 옛 모습을 되찾았고, 심지어 희어진 털 일부도 다시 검어지는 효과가 있었습니다.

결합된 두 개체는 혈액을 공유했습니다. 따라서 혈액 속의 어떤 물질이 늙은 쥐의 건강에 긍정적인 영향을 미쳤다고 볼 수밖에 없었지요. 이러한 결과에 고무된 과학자들은 한 걸음 더 나아가, 젊은 피에서 회춘 효과를 발휘하는 인자를 찾아내는 작업에 착수합니다. 이 실험을 주도한 스탠퍼드대학교의 신경학 전문의 토니 위스-

개체결합된 젊은 생쥐와 늙은 생쥐
검은색 쥐는 젊은 생쥐이고 회색 쥐는 늙은 생쥐입니다. 두 생쥐를 개체결합한 결과 늙은 생쥐가 평균수명보다 더 오래 살고 모든 장기도 더욱 활성화되었다고 하네요.

코레이 박사는 "나는 젊은 피가 청춘을 되찾아준다고 생각한다. 우리는 노화의 시계를 거꾸로 돌리고 있다"라고 말합니다. 당시 연구 결과를 들은 미국국립노화연구소의 마크 맷슨 소장은 농담 반 진담 반으로 "젊은 피를 노화 방지에 이용한다는 것은 매우 흥미로운 발상이다. 나도 피를 어딘가에 저장해두었다가 인지 능력이 쇠퇴하기 시작할 즈음 사용해보고 싶다"라고 말했다고 합니다. 이에 발빠르게 몇몇 생명공학 스타트업들이 16~25세 젊은이들의 혈액을 노화방지용으로 판매하기 시작했으나, FDA의 경고로 사업을 접기도 했었지요.

이후 이어진 실험 결과, 젊은이의 핏속 성분이 건강 개선에 부분적으로 효과가 있다는 보고가 여러 건 나왔지만, 꼭 그런 것만은 아닙니다. 하버드대학교에서 줄기세포를 연구하는 에이미 웨이저스 박사는 "지금껏 '젊은 피가 수명을 연장한다'는 사실을 보편적으로 입증

한 사람은 없고, 앞으로 그럴 가능성도 희박하다. 단, 젊은 핏속에 들어 있는 다양한 호르몬이나 세포 성장 인자가 노인의 수술 후 회복이나 퇴행성 질환 치료를 도와줄 가능성은 있지만 효과는 매우 제한적"이라고 강조했습니다. 엄밀히 말해서 젊은 피 자체가 아니라, 그 핏속에 들어 있는 성장 인자들이 중요합니다. 이들은 늙은 조직을 그대로 젊은 조직으로 바꿔주는 것이 아니라, 손상된 조직의 회복을 일부 도와줄 뿐이죠.

이렇게 희망과 비난이 난무하는 사이, 학자들은 젊은 핏속에 들어 있는 '회춘의 묘약'의 실체를 찾는 작업에 몰두하기 시작합니다. 그들이 찾아낸 물질은 옥시토신과 GDF11, 크로노카인 등입니다. 옥시토신과 GDF11^{growth differentiation factor 11}은 근육세포의 퇴화를 막을 뿐 아니라 새로운 근육세포의 생성을 돕는 물질입니다. 주로 혈장 속에 녹아서 돌아다니다가 근육세포의 복구를 돕습니다. 크로노카인^{chronokine}은 뇌세포의 사멸을 막아 알츠하이머 환자의 인지력 감퇴 속도를 늦출 수 있다는 보고가 있습니다.

하지만 이 분야는 아직 진행 중인 연구인데다가 데이터가 축적되지 않은 상태라, 정말로 젊은이의 피(와 그 추출물)를 주입하는 것이 노화 방지에 효과가 있다고 확정할 수는 없습니다. 그럼에도 불구하고, 이는 다양하게 시도되었습니다. 그 대표적인 인물이 미국의 백만 장자 브라이언 존슨입니다. 그는 노화방지 프로그램인 "블루프린트 프로젝트^{Project BluePrint}"를 통해 실제로 자신의 아들을 비롯한 젊은이들의 피를 수혈받기도 했다고 밝혔습니다. 하지만 몇 번 시도해본 결과 별 효과가 없었다고 생각해 현재는 주로 절식과 수면의 질 개선, 건강검진을 위주로 진행하고 있다고 합니다. 이용하는 방법을 시술하고 있습니다. 아마도 이 분야의 데이터는 앞으로 몇 년 동안 추가될 것으로 보이는데, 긍정적인 결과가 나온다고 해도 우려가 되는 건 사실입니다. 모든 것이 경제적 논리에 의해 좌우되는 현실에서 자칫 '가진 건 젊음밖에 없는 젊은이들'이 마지막 보루인 젊음까지도 무용지물이 될 수 있을 테니까요. 젊고 건강한 몸을 오래도록 누리고 싶은 마음은 이해하지만, 이 방법으로 기성세대가 젊은 세대의 남은 기회까지 밟고 서려고 한다면 문제가 되겠죠.

조금 덜 먹자

건강하게 오래 사는 것이 목적이라면, 흡혈귀를 흉내 내지 않더라도 쉽게 할 수 있는 방법은 많습니다. 가장 쉬운 방법은 '조금 덜 먹기'입니다.

얼마 전 흥미로운 연구 결과를 보았습니다. 지난 2020년 1월, 영국의 과학 잡지 「뉴잉글랜드 저널 오브 메디신 *The New England Journal of Medicine*」에 한 메타 분석 연구 결과가 실렸습니다. 메타 분석 연구란 실제로 실험이나 관찰을 통해 그 결과가 확인된 논문 수

백 편을 통계적으로 분석한 연구를 말합니다. 이들이 주목한 점은 한동안 다이어트에 매우 효과적이라고 제시된 간헐적 단식에 관한 논문들의 방향성이었습니다. 간헐적 단식이란 일정 기간을 두고 주기적으로 식사를 멈추는 것이죠. 예를 들어 8시간 동안 음식을 먹고 16시간은 금식하는 식으로요. 간헐적 단식의 체중 감량 효과는 반반이었습니다.

누군가에게는 간헐적 단식이 체중 감량에 효과가 있는 듯하지만 그렇지 않은 사람도 있었습니다. 체중 감량에 적어도 나쁘지는 않지만 그렇다고 기적적인 효과를 보이는 것도 아니었습니다. 실망하셨나요? 아직 실망하기에는 이릅니다. 이 논문의 결과로 간헐적 단식의 체중 감량 효과가 아니라 다른 순기능을 찾아냈거든요. 간헐적 단식을 꾸준히 실천하면 비록 체중은 줄지 않아도 암, 당뇨병, 심장 질환 등 대사 질환의 발병 가능성이 확연히 낮아진다는 것입니다. 체중 감량보다 건강 개선과 노화 방지에 도움이 된다는 말이죠.

실제로 기존의 연구에서도 음식을 덜 먹으면 수명이 늘어난다는 보고가 있었습니다. 동물 실험의 결과, 몸길이가 1mm에 불과한 예쁜꼬마선충부터 실험용 생쥐, 여우원숭이에 이르기까지 대부분의 동물이 체중 대비 열량 계산을 통해 찾아낸 권장 섭취량 중에 70%만 먹게 했을 때 오히려 가장 건강해져서 수명이 평균 1/3에서 1/2까지 늘어났습니다. 이때 70%는 매직 넘버입니다. 섭취량이 이보다 적어지면 영양 부족 상태가 되거든요. 흥미로운 사실은 이렇게 적게 먹은 동물은 더 오래 사는 것뿐 아니라 백내장, 털색의 변화 등 다른 노화의 징후도 덜 나타났다고 합니다. 그냥 오래 사는 것이 아니라 노화의 속도가 느려져 건강하고 젊은 몸으로 오래 사는 것이죠. 학자들은 자연 상태에서는 평균 10년을 채 살지 못하는 개와 고양이 등 반려동물의 수명이 최근에 20% 가까이 길어진 것도 자연식 대신 사료를 먹이는 문화가 확산된 결과로 보고 있습니다. 동물용 사료는 영양학적인 면에서도 균형이 잡혀 있을 뿐 아니라 씹는 맛이나 향이 덜해 자연식보다 적게 먹는다고 합니다. 덕분에 알아서 먹는 양을 조절하면서 일어나는 부수적인 순기능인 것이죠.

마찬가지로 사람에게도 적용됩니다. 물론 사람을 동물처럼 가두고 장기적으로 권장 섭취량의 70%만 먹이면서 실험을 진행할 수는 없습니다. 하지만 유난히 평균수명이 길다는 장수촌에 사는 사람들의 행동 패턴을 분석한 결과, 세계 각국 장수촌의 공통점은 다른 지역의 사람들보다 '소식小食'하는 경향이 강하다는 것이었습니다. 전통적인 장수촌이 많은 일본의 오키나와 지역의 노인들은 하루 평균 남성은 1,400kcal, 여성은 1,100kcal를 섭취한다고 합니다. 보통 성인의 하루 권장 열량이 남성은 2,000kcal, 여성은 1,800kcal인 것에 비하면 약 70%에 불과하죠. 이처럼 덜 먹는데도 더 건강하고 노화의 지표도 더 적게 나타났습니다.

소식과 장수의 상관관계에 관한 연구 보고는 이미 예전부터 알려졌습니다. 지금까지는 적게 먹으면 음식을 소화할 때 필수적으로 발생하는 해로운 활성산소의 발생량이 줄어든다고 보았습니다. 게다가 적게 먹는 것 자체가 건강에 이롭기도 합니다. 2009년 미국의 연구진은 흥미로운 사실 하나를 발견했습니다. 이들은 정상적인 폐 세포와 '전암 단계(암으로 변화되기 직전)'의 폐 세포를 인공으로 배양한 뒤, 각각 일반적인 포도당이 든 배양액과 낮은 수준의 포도당이 든 배양액을 이용했습니다. 다시 말해, 세포 수준에서 본다면 한쪽은 제대로 먹인 것이고 다른 한쪽은 칼로리에 제한을 둔 것입니다. 그런데 흥미롭게도 정상적인 세포는 포도당을 적게 처리한 그룹의 수명이 훨씬 더 길었지만, 우리 몸에 해로운 암세포는 오히려 포도당을 적게 처리하면 성장에 저해되는 흥미로운 현상이 나타났다고 합니다. 적게 먹으면 건강한 세포는 더욱 건강해지지만 오히려 암세포는 성장에 방해를 받는다는 것입니다.

연구진은 이러한 결과가 나타나는 이유로 두 가지를 지목했습니다. 포도당은 세포 증식을 유도하는 물질인 hTERT와 항암 단백질로 세포를 죽이는 물질인 p16이라는 단백질의 발현에 서로 다른 영향을 미칩니다. 정상적인 세포의 경우 포도당 섭취 제한은 hTERT 유전자의 발현을 촉진하고 p16을 감소시키는 반면, 암세포의 경우에는 hTERT는 감소시키고 p16은 증가시키는 현상이 나타난 것이죠. 포도당의 섭취 제한이 정상적인 세포에서는 세포 증식과 관련된 유전자를 활성화시키고 세포 사멸과 관련된 유전자는 감소시켜 세포의 수명을 연장하는 효과를 가져옵니다. 반대로 암세포에서는 세포

일본의 장수촌 오기미 마을
일본 오키나와현의 오기미 마을은 전통적인 장수촌으로 유명합니다. 이 마을 사람들의 장수 비결은 소식과 균형 잡힌 식사라고 하네요.

증식 유전자를 억제시키고 세포 사멸 유전자를 증가시켜 세포의 사멸을 유도합니다. 불로불사는 까마득한 진시황 시절부터 인류 모두가 꿈꾸었지만 결코 이룰 수 없는 열망이었습니다. 그런데 그 실마리 중 하나가 '생명력이 흘러넘치는 젊은 피'처럼 뭔가 색다르고 신기한 것이 아니라, 단지 지금 먹는 것에서 '조금 덜 먹는 것'이라는 단순한 행위에 있었다는 건 조금은 허탈합니다. 역시 파랑새는 저 먼 곳이 아니라 우리 가까이에 있었던 모양입니다.

뜨거운 붉은 피

'뜨거운 붉은 피'라는 단어는 가슴을 뛰게 만듭니다. 인류의 역사에서 대부분의 변곡점은 수많은 이의 생명을 발판 삼아 찾아온 경우가 많았습니다. 그래서 '뜨거운 붉은 피'라는 단어에는 물리적 정보보다 그 피가 흐를 수밖에 없던 역사·정치·사회적 가치와 의미가 더 많이 포함됩니다. 그런데 과연 모든 피가 다 붉은색일까요?

일반적으로 사람의 피는 붉은색입니다. 사람의 핏속에는 붉은색 적혈구赤血球, red blood cell가 있고, 적혈구는 혈색소로 철Fe을 함유한 헤모글로빈 분자를 아주 많이 가지고 있기 때문입니다. 이때 헤모글로빈이 가진 철은 산소 분자를 단단히 붙잡는 산소 집게 역할을 합니다. 그런데 철이 산소와 결합해 산화되면 붉은색이 됩니다. 쇠로 만든 물질이 녹슬면 붉은 녹이 묻어나는 것처럼 말이죠. 그래서 적혈구는 산소와 결합하면 선홍색, 산소와 결합하지 않으면 검붉은색을 띱니다. 부항을 떠서 피를 뽑을 때 검붉은 피가 나오면, '죽은 피가 나왔다' 또는 '어혈이 풀렸다'고 합니다. 이는 산소 포화도가 낮은 혈액이 추출되었기 때문이며, 이들도 폐로 가서 산소와 결합하면 다시 붉게 변합니다. 실제로 적혈구의 수명은 4~6개월이고 더 이상 산소와의 결합이 원활하지 않으면, 비장脾臟으로 가서 파괴되고 그만큼 골수에서 보충하는 것이지 죽은 채로 혈관 속에 떠다니거나 뭉쳐 있는 것은 아닙니다. 그전에 피가 뭉쳤다는 것 자체가 혈전을 만들었다는 것이니, 그 정도의 혈액이 신체 내부에서 뭉쳐 있었다면 단지 근육 어딘가가 아픈 정도가 아니라 훨씬 더 심각한 이상 증세를 일으킬 가능성이 높습니다.

사람의 피가 붉은색이므로 모든 생물의 피가 붉다고 생각할 수 있지만 그렇지 않습니다. 대개 척추동물은 혈색소로 헤모글로빈을 이용하기 때문에 피가 붉은색이지만, 무척추동물은 혈색소가 달라 피의 색이 달라지기도 합니다. 물론 무척추동물 중에도 거머리나 지렁이, 홍합, 피조개 등은 사람처럼 혈색소로 헤모글로빈을 가지고 있어 피가 붉습니다. 하지만 절지동물의 일종인 투구

초록색 피를 가진 갯지렁이류

게와 오징어, 낙지, 문어 등 많은 연체동물이 혈색소로 헤모시아닌이라는 물질을 가집니다. 헤모시아닌은 산소 집게로 철이 아니라 구리를 사용하고, 헤모시아닌 자체는 색이 없습니다. 그래서 헤모시아닌 계통의 피를 가진 것들은 산소와 결합하지 않으면 무색이 되고, 산소와 결합하면 산화구리의 색인 푸른색이 됩니다. 살아있는 오징어나 낙지의 눈에는 푸른색 핏줄이 보입니다. 어떤 갯지렁이는 혈색소로 클로로크루오린이라는 물질을 가지는데, 이 물질이 산소와 결합하면 녹색이 됩니다.

이밖에도 자주색, 노란색, 무색, 흰색 피를 가진 동물들도 발견된 바 있습니다. 심지어 남극 심해에 사는 물고기 가운데는 적혈구 없이 백혈구만 있는 혈액을 가진 물고기도 발견되었습니다. 혈액 속에 백혈구만 존재하므로 피가 우윳빛입니다. 차가운 남극해는 산소가 다른 곳보다 풍부해 특별히 적혈구가 산소를 운반하지 않아도 이 정도의 작은 물고기라면 충분히 필요한 산소를 호흡할 수 있습니다. 오히려 추운 곳에서는 적혈구가 많으면 서로 뭉쳐서 혈관이 막힐 가능성이 높아져, 적혈구가 사라진 돌연변이 상태가 자연선택 되어 남은 것이죠. 혈액의 색이 어떠하든, 조성組成이 어떠하든 존재하는 것은 모두 나름의 자연선택의 결과일 뿐, 붉고 더운 피가 더 우월하고 그 외 색의 피는 이상하거나 열등한 것이 결코 아니랍니다.

마음에서 마음으로 생각을 전할 수 있을까?

뇌와 컴퓨터를 잇다

텔레파시라는 개념은
인간의 이루어질 수 없는 소망이 투영된 것일 뿐이죠.
그러나 뇌파를 이용해 무언가를 움직이는 일이
결코 불가능한 것만은 아닙니다.

．．．

여러분은 어떤 계절을 가장 좋아하세요? 사람들은 대부분 더운 여름과 추운 겨울보다는 덥지도 춥지도 않은, 하지만 찰나에 불과할 만큼 짧은 봄과 가을을 더 좋아합니다. 특히 가을은 하늘이 푸르고 바람이 상쾌한 계절입니다. 그런데 봄과 달리 하나의 부작용을 가진 계절이기도 합니다. '가을을 타는 일', 즉 우울증이 찾아오기 때문이죠.

가을이 되면 여름에 비해 일조량이 떨어지면서 사람들의 뇌에서는 세로토닌serotonin이 줄어듭니다. 세로토닌은 신경전달물질의 한 종류로 뇌의 활동을 높이고 신경을 흥분시키는 작용을 하는 호르몬입니다. 반대로 세로토닌 분비가 줄어들면 흥분이 가라앉고 뇌의 활동이 줄어듭니다.

세로토닌 분비량의 감소를 비롯한 갖가지 영향으로 '가을을 타는 일'이 좀 더 심해지면 내 마음을 아무도 알아주지 않는다는 상실감에 빠질 수도 있습니다. '세상에 내 마음을 알아주는 사람이 단 한 명이라도 있다면 이토록 외롭지 않을 텐데……'라는 생각에 괜스레 눈물이 나기도 하지요. 정말 이럴 때는 누군가와 텔레파시^{telepathy}라도 통한다면 좋겠다는 생각을 합니다.

SF 영화나 판타지 소설 등의 소재로 자주 등장해 유명해진 텔레파시는 말이나 몸짓, 표정 등 겉으로 드러나는 감정을 알 수 없는 상태에서 상대의 마음을 읽거나 자신의 생각을 상대에게 전달해 줄 수 있는 능력을 말합니다. 어떤 방식을 사용하는지는 알 수 없지만 매우 소유하고 싶은 능력인 것은 사실입니다.

그래서인지 과학자들도 허황된 이야기로 여겼던 텔레파시를 현실화하는 연구를 진행하기도 합니다. 듣지 않고도 사람의 생각을 읽을 수 있다면 이보다 더 좋을 순 없겠죠. 따라서 과학의 과제가 아니라고도 말할 수 없습니다. 아닌 게 아니라 우리의 몸에서 생각을 관장하는 부분이 뇌인 만큼, 텔레파시가 현실화된다면 아마 뇌에 관한 연구의 결과물일 가능성이 높습니다. 사실 이러한 기대는 뇌파의 존재가 밝혀지면서 더 커져갔지요.

뇌파에 관하여

막연하게 동경의 대상이나 초능력의 영역으로만 받아들여지던 텔레파시는 뇌파의 존재가 밝혀지면서 현실에서도 가능한 것이 아닌지 의심하는 사람들이 생겨났습니다. 그러나 뇌파가 어떤 의미를 갖는지는 아직도 불분명합니다. 뇌파^{腦波,} electroencephalogram란 말 그대로 뇌의 활동에 따라 뇌에서 나오는 일종의 전류입니다. 1875년 영국의 생리학자 R. 케이튼이 최초로 토끼와 원숭이의 대뇌피질^{大腦皮質}에서 미약한 전기신호가 나온다는 사실을 발견하고, 이를 검류계로 기록해 뇌에서 나오는 전기신호의 존재를 보고했습니다.

한스 베르거

한스 베르거는 원래 수학과 물리학을 공부하다가 중간에 의학으로 전공을 바꿔 대학을 졸업했습니다. 1929년 뇌전위^{腦電位}를 측정하는 기계를 고안해 뇌파 연구의 실마리를 열었습니다.

사람의 뇌파에 관한 연구가 이루어진 때는 이보다 훨씬 뒤인 1924년입니다. 독일의 정신과 의사인 한스 베르거^{Hans Berger, 1873~1941}는 사고로 머리에 상처를 입은 환자를 진료하던 중, 뇌에서 일종의 전기신호가 발산되고 있다는 사실을 알게 되었습니다. 베르거는 환자의 상처를 통해 머릿속에 직접 두 개의 백금 전극을 삽입해 전기신호를 기록했는데, 나중에 머리 피부에 전극을 얹어 기록하는 방법으로 개선되었습니다. 머릿속에 직접 전극을 넣다니 다소 엽기적인 방법이지요.

의학과 과학이 발전한 역사를 보면, 이처럼 우연한 사고로 발생한 특이한 상황에서 알아낸 지식이 많습니다. 예를 들어 사고로 측두부 (귀 위쪽의 옆머리)를 다친 환자는 다친 시점 이후 새로운 기억을 저장하지 못합니다. 강도에게 뒷머리를 세게 가격당해 순간적으로 급사하는 경우도 있습니다. 이런 결과로부터 측두부에 존재하는 해마hippocampus가 새로운 사실을 기억해 저장하는 '기억 창고'라는 사실과 머리 뒤쪽의 연수 부위가 호흡과 심장박동을 조절한다는 사실을 알아냈습니다. 즉, 해마는 기억의 생성과 저장을 담당하기 때문에 해마에 손상을 입은 환자는 기억을 못하게 되는 것이죠. 이 부위는 노인성 치매(알츠하이머병)에서도 자주 손상됩니다. 해마가 파괴되면 치매 환자의 기억에 문제가 생깁니다. 뒤통수 중간쯤 다치면 눈에는 아무 이상이 없지만 시력을 잃는 경우도 있습니다. 눈에 들어온 시각 정보를 처리하는 대뇌의 시각 피질이 이 부위에 있기 때문입니다. 이렇듯 뇌에 관한 연구는 사고를 당한 환자들을 대상으로 관찰된 결과가 많습니다. 이런 사고를 당한 사람 본인에게는 매우 불행한 일이지만 이로써 인류는 더 많은 지식을 축적했으니 참 아이러니한 일이지요.

다시 베르거의 이야기로 돌아올까요. 베르거는 뇌에서 측정되는 전기신호를 심전도心電圖나 근전도筋電圖와 같은 맥락으로 여겨 뇌전도腦電圖, electroencephalogram라는 이름을 붙였습니다. 그래서 뇌파를 가끔은 '베르거 리듬'이라고 부르기도 한답니다.

그렇다면 뇌파는 왜 발생할까요? 불행히도 아직 정확한 답은 없답니다. 다만, 가장 근접한 답으로는 대뇌피질의 신경세포들이 구성하는 시냅스 안팎의 전기적 에너지가 모여서 일어난다는 설이 가장 유력합니다. 신경세포는 일종의 전선으로 수상돌기에서 받아들인 신호가 세포체를 거쳐 축삭돌기로 전달될 때, 전기적인 활동 전위가 관측됩니다. 따라서 이들의 연합인 뇌 전체에서 뇌파가 나오는 것은 각각의 신경세포의 접합부인 시냅스의 전위들이 모여서 이루어진다고 보는 것이죠.

그런데 사람의 뇌파를 가만히 관찰해보면, 관찰 조건에 따라 뇌파의 주파수와 진폭이 다르게 나타나는 현상이 보일 때가 있습니다. 뇌파의 주파수는 1~50Hz, 진폭은 10~100uV 정도인데, 이렇게 다양한 뇌파를 특성에 따라 분류해보면 알파(α), 베타(β), 세타(θ), 델타(δ) 등 네 가지 특징적인 파장으로 나눌 수 있습니다.

알파파는 인간 뇌파의 대표적인 성분이며, 보통 주파수 10Hz, 진

뇌파	뇌파 모양	주파수	두뇌 활동 상태
베타(β)		13~30Hz	깨어 있을 때, 말할 때 모든 의식적인 활동 상태
알파(α)		8~12Hz	명상(정신적인 안정), 눈을 감은 상태
세타(θ)		4~7Hz	창의적인 상태, 긴장 이완 상태, 가수면 상태
델타(δ)		1~3Hz	깊은 수면 상태

사람 뇌파의 종류

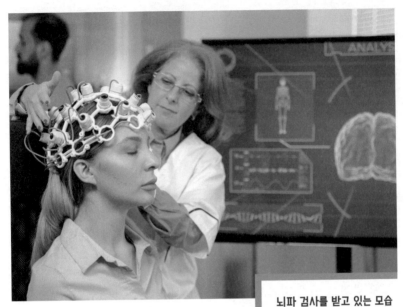

뇌파 검사를 받고 있는 모습
요즘에는 뇌 속에 전극을 삽입
하지 않고 간단히 머리에 붙이
는 것만으로도 뇌파 측정이 가
능합니다.

폭 50uV의 파장이 규칙적으로 나타날
때를 뜻합니다. 알파파는 눈을 감고 마음
을 평안하게 하여 진정 상태에 있을 때 가장 많이 기록되며, 눈을 뜨
고 물체를 보거나 흥분하면 사라집니다. 이렇게 눈을 뜨고 활동하는
경우, 뇌파는 주로 베타파로 바뀝니다. 이 알파파는 뇌의 발달과 밀
접한 관계가 있어서, 어린 아기의 알파파 주파수는 4~6Hz밖에 되지
않지만, 나이가 들면서 점점 주파수가 증가해 20세 정도 되면 10Hz
정도의 안정된 주파수를 갖게 됩니다.

어쨌든 알파파는 여러 실험 결과, 잠들기 직전이나 눈을 감고 마
음이 평온할 때 관측되었습니다. 실제로 요가나 명상을 통해 마음을

가라앉히면 알파파가 많이 나온다는 보고도 있습니다. 그래서 한 때는 이 알파파를 외부에서 생성해 뇌에 전달하면 인위적으로 안정된 마음 상태를 유도할 수 있다고 하는 기계가 등장하기도 했습니다. 하지만 그 효과는 사실 미지수입니다. 뇌파는 단순히 뇌의 변화에 따라 겉으로 드러나는 현상에 가깝습니다. 잔잔한 수면에 돌을 던지면 물결이 일어나는 것이 자연스럽지만, 인위적으로 물을 쳐서 물결을 일으켰다고 해서 돌멩이가 물속으로 던져진 것은 아닐테니까요.

다시 파동의 종류를 이야기해보자면, 알파파보다 주파수가 빠른 파동을 베타파, 느린 파동 중에서 4~7Hz를 세타파, 그 이하를 델타파라고 합니다. 원래 세타파와 델타파처럼 느린 파동은 뇌종양 환자에게서 관찰되어 뇌의 이상 현상을 보여주는 뇌파로 알려졌습니다. 그러나 나중에 실시된 연구에 따르면, 젖먹이 아기에게는 세타파와 델타파가 정상 뇌파에 해당하고 어른도 수면 상태에서는 두 뇌파가 나온다는 사실이 관찰되어 무의식의 영역과 관계있을 거라 짐작하고 있지요.

뇌파가 우리에게 알려주는 것들

알려진 대로 뇌파는 뇌 기능의 일부를 겉으로 드러냅니다. 그럼 뇌파를 관찰하면 그 사람이 어떤 생각을 하고 있는지 알 수 있느냐고요? 아닙니다. 뇌파는 그러기엔 민감도가 떨어집니다. 뇌 전체의 활동 상태, 즉 눈을 뜨고 있는지 잠을 자고 있는지 정도는 알 수 있고 뇌전증(간질)을 진단하는 용도로 쓰일 수는 있지만(뇌전증 환자가 이상 증세를 보일 때 뇌파가 강력하고 급격한 패턴을 보입니다), 구체적으로 그 사람이 무슨 생각을 하고 있는지 알려주지는 않습니다. 뇌파와 더불어 MRI^{자기공명영상, Magnetic Resonance Imaging} 촬영을 병행한다면 좀 더 자세한 상황을 알 수 있습니다만, 역시나 한계가 있습니다. 예를 들어 MRI 사진과 뇌파를 기록해 시각 영역 중추가 활발하게 움직이는 것을 관찰했다면, 이 사람이 지금 무언가를 열심히 보고 있다는 사실은 알 수 있지만 구체적으로 영화를 보고 있는지 사랑스런 애인을 보고 있는지는 알 수 없다는 것이죠. 무언가를 보고 있는지 아닌지 여부를 아는 것만으로는 별다른 유용성이 없습니다.

사실 뇌파의 유용성은 사람의 생각을 읽는 데 있지 않고, 의학적인 면에서 의미가 있습니다. 환자의 뇌파를 검사해 주파수나 위상, 파동의 모양, 파동의 분포, 주기의 변화 등을 꼼꼼히 살피면 뇌의 이상을 알아내는 데 도움이 될 수 있습니다. 예를 들어 정상 성인은 잠이 든 상태가 아니라면 세타파나 델타파가 나타나는 일이 극히 드뭅니다. 잠들어 있지 않은 안정 상태에서 델타파나 세타파가 반복해서 나타나는 경우는 뇌종양일 가능성이 있습니다. 델타파는 뇌혈관에 장애가 있을 때도 나타납니다. 베타파의 주파수가 알파파와 비슷한 8Hz 부근의 파동을 가지며 나타나면 뇌 기능 저하를 의심할 수 있답니다.

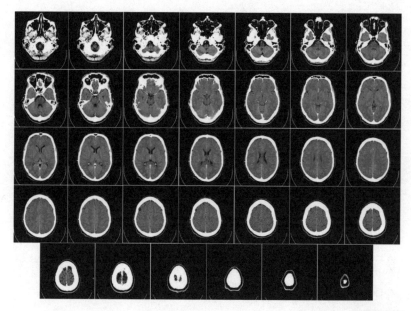

이 밖에도 비정상적으로 높은 진폭이나 낮은 진폭의 뇌파도 우리 뇌가 외부로 출력하는 이상 신호랍니다.

뇌파는 간단하게 머리에 전극만 붙이면 알 수 있기 때문에 환자에게 고통을 주지 않고도 검사할 수 있습니다. 병이 생긴 부위나 성질 등을 정확하게 알 수 있다는 점에서 뇌의 이상을 진단하는 데 필수적인 검사법입니다. 그런데 만약 뇌파가 정지한다면 어떻게 될까요? 그것이 바로 뇌사腦死 상태랍니다.

뇌파의 미래 - 생각만으로 지배한다

뇌파는 뇌의 전기적 활동에 수반되는 부수적 요소라고 할 수 있습니다. 리트머스 시험지는 산성도에 반응해 산성이면 붉은색, 염기성이면 푸른색이 됩니다. 하지만 리트머스 시험지를 인위적으로 붉게 물들였다고 대상이 산성으로 변하는 것은 아닐 테지요. 뇌파는 뇌의 상태를 보여주지만, 파동 자체가 어떤 역할을 하거나 남에게 전달될 수 있는 것은 아닙니다. 따라서 텔레파시라는 개념은 인간의 이루어질 수 없는 소망이 투영된 것일 뿐이죠. 그러나 뇌파를 이용해 무언가를 움직이는 일이 결코 불가능한 것만은 아닙니다.

현재 과학자들은 '생각'만으로 기계를 작동시키는 장치를 개발하고 있습니다. 뇌파를 증폭시켜 전자 제품의 스위치를 조작하는 마인드 스위치와, 나아가 뇌파의 변동만으로도 조작 가능한 기계 장치를 개발하고자 노력하고 있습니다. 2000년대 들어서면서 중증 사지마비 장애인들의 재활을 돕는 의료용 보조 로봇 개발에 뇌파를 이용하는 방식이 도입되었습니다. 사지 전체를 움직일 수 없는 중증 사지마비 장애인의 경우 일상생활을 영위하는 것이 거의 불가능합니다. 그래서 외골격 수트로 이루어진 로봇wearable robot을 입혀 뇌파나 시선 처리 방향 등 대상자가 조절할 수 있는 다른 신체 능력과 결부시킵니다.

2012년 영국에서는 전신마비 여성 캐쉬 허친슨Cathy Hutchinson이 생각만으로 따로 떨어져 있는 로봇 팔을 움직여 음료수를 마시는 장면

이 「네이처 *Nature*」에 공개되었으며, 2019년 프랑스 연구팀은 사지 마비의 청년에게 외골격 수트를 입혀 사고 후 처음 자력으로 걸을 수 있게 만드는 데 성공했습니다. 신경계는 아직 더 많은 비밀이 밝혀져야 하고 모든 이에게 이 방식을 적용할 수 있는 것은 아니지만 어쨌든 하나의 가능성을 확인한 셈입니다. 그런데 이런 연구들이 추구하는 목표는 무엇일까요? 생각만으로 움직이는 기계가 등장한다면 가장 먼저 사고로 전신마비가 된 사람들이 도움을 받을 것입니다. 마인드 스위치는 전신 마비 환자들의 복지와 재활에 매우 유용하게 쓰일 수 있습니다.

그러나 마인드 스위치의 의미는 여기서 그치지 않습니다. 마인드 스위치에 이용되는 뇌파 분석 기술이 좀 더 널리 연구된다면, 언젠가 이를 통해 사람의 생각을 분석해낼 수 있을지도 모릅니다. 결국 이는 인간과 컴퓨터 사이에 새로운 의사소통 수단^{Human-Computer Interface}이 될 수 있습니다.

영국 드라마 〈휴먼스〉의 등장인물 중 하나인 레오 엘스터는 어린 시절 물에 빠져 뇌사 상태에 들어간 경험이 있습니다. 아들의 불행에 오열하던 세계적 로봇공학자이자 인공지능 전문가인 데이비드 엘스터 박사는 레오의 신경세포를 모방해 이와 직접 교류할 수 있는 인공지능 뇌를 만들어 아들의 뇌에 이식하고 그를 다시 깨웁니다. 뇌사상태였던 레오는 뇌가 깨어나자 다시 살아납니다. 이후 레오는 감정과 반응과 생각을 남아 있던 원래 뇌와 이식한 전자 뇌를 모두 이용해 수행합니다. 인간도 아니고 인공지능 로봇도 아니지만, 동시에 인간

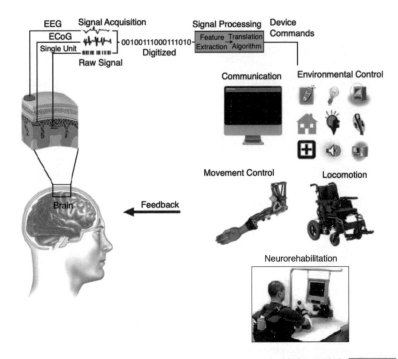

EEG
ECoG
Single Unit

Signal Acquisition

Raw Signal
Digitized

00100111000111010

Signal Processing
Feature Translation
Extraction Algorithm

Device Commands

Communication

Environmental Control

Movement Control

Locomotion

Neurorehabilitation

Brain

Feedback

이기도 하고 인공지능 로봇이기도 한 존재가 되었죠.

꿈같은 이야기지만, 이미 과학자들은 뇌파를 세밀하게 분석해 이를 언어로 바꾸는 연구를 진행하고 있습니다. 이는 사고나 질병 등으로 인해 마비가 되어 발성 능력을 잃은 사람들이나 식물인간 상태로 의식이 없어 보이는 이들의 뇌 활동을 파악하기 위한 방편으로 개발된 결과물입니다. 만약 이것이 현실화된다면, 우리는 기계의 힘을 빌려 텔레파시의 현실 버전을 맞닥뜨리는 셈입니다. 하지만 이 경우는 특정

마인드 스위치

사람의 뇌에서 뇌파 변화를 컴퓨터로 송신하면 컴퓨터의 정보를 변환하고 스위치에 on/off 신호를 발신해 전구를 켜거나 끌 수 있습니다.
© 2021 Kawala-Sterniuk et al.

대상에게만 말을 거는 것이 아니라, 모든 사람에게 공개되는 형태로 발화되겠지만요. 이렇게 뇌와 컴퓨터를 직접 연결해 뇌-컴퓨터 인터페이스Brain-Computer Interface, BMI라는 기술을 개발하고 있으며, 이를 실제로 적용한 이 중 하나가 바로 '최초의 진정한 사이보그'라고 불리는 피터 스콧-모건 박사입니다. 뛰어난 로봇공학자였던 피터 스콧-모건 박사는 루게릭병(수의근을 제어하는 신경세포가 소멸하여 점차 전신의 모든 근육이 마비되어가는 질환)에 걸려 움직임이 어려워지자, 스스로 사이보그가 되기로 마음먹고 자신의 몸에 다양한 기계장치를 부착하는데, 그 중에는 BMI 장치도 있었습니다. 그는 이렇게 기계와 결합된 자신을 'Peter 2.0'이라 명명하고, 끊임없이 몸을 공격하는 질병과 싸웠지요. 자세한 이야기는 그의 저서 『나는 사이보그가 되기로 했다』에 자세히 나와 있으니 참고하셨으면 합니다.

텔레파시는 픽션이자 초자연적 마법의 영역이지만, 뇌-컴퓨터 인터페이스는 현실이자 가능성의 대상입니다. 비록 피터 모건 박사는 피터 2.0에서 더 나아가지 못하고 안타깝게도 사망했지만, 연구는 여전히 진행 중입니다. 그리고 조만간 우리는 특별한 초능력이나 타고난 신의 선물이 없어도 누구나 뇌를 컴퓨터와 연결해 자신의 마음을 표현하고, 이를 받아들일 수 있는 시대에 살게 될지도 모릅니다. 과학이 우리에게 주는 가장 큰 선물 중 하나는, 특별한 능력을 가지고 태어난 선택받은 인간이 아니라, 평범한 모든 사람들에게 모두 적용가능하다는 점이랍니다.

뇌사와 식물인간

2004년 12월 1일, 국내에서 의미 있는 수술이 시도되었습니다. 한 젊은이가 갑작스럽게 뇌동맥류 파열로 쓰러졌습니다. 곧바로 이 31세의 젊은 남자는 뇌사 상태에 빠졌습니다. 비록 그는 안타깝게 숨졌지만, 다섯 명의 이웃을 살려 냈습니다. 고(故) 김상진 씨는 우리나라에서 '뇌사 시 장기기증 서약자' 중 실제로 서약을 지킨 첫 번째 사람입니다.

뇌사^{腦死, brain death}란 뇌의 기능이 완전히 멈춘 상태를 말합니다. 아무런 처치를 하지 않을 경우, 스스로 호흡과 혈액순환을 할 수 없어 곧 완전한 죽음에 이릅니다. 기존에는 뇌 기능이 상실한 경우, 손쓸 도리가 없어 뇌사는 심장사로 이어졌고 사망 판정에도 별다른 문제가 없었습니다. 그러나 최근 발달한 의학 기술은 인간이 뇌사 상태에 빠지더라도 인공호흡기 등을 이용해 계속 숨을 쉬고 심장이 뛸 수 있도록 해 뇌사가 과연 '진짜' 죽음인지에 관한 논란이 가중되었습니다. 장기이식 수술의 성공률도 높아지면서 뇌사 상태 환자의 사망 판단 여부가 중요한 사회적 이슈로 떠올랐지요. 뇌사 상태인 경우, 뇌는 죽었지만 다른 내장 기관은 살아있어 장기이식에 적합하기 때문입니다. 결국 뇌사 상태의 환자는 인공호흡기에 의존하지 않고서는 살아갈 수 없어, 세계 각국에서는 이제 뇌사를 죽음으로 받아들이고 있답니다. 우리나라에서도 1993년 3월 대한의학협회가 「뇌사에 관한 선언」을 선포해 뇌사를 죽음으로 인정했습니다.

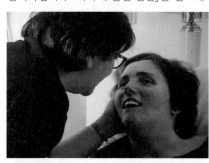

식물인간 상태인 테리 시아보

가끔 뇌사와 혼동하는 단어로 '식물인간'이 있지요. 식물인간^{植物人間}이란 의식도 없고 움직이지도 못하지만, 호흡과 혈액순환은 유지되는 환자를 말합니다. 환자의 상태가 한 자리에 뿌리를 내리고 조용히 서 있는 식물 같아서 의학적으로는 식물 상태$^{vegetative\ state}$라고 합니다. 이들은 호흡, 체온조절, 혈액 순환, 배설작용 등이 유지되기 때문에 인공 급식기에 의존해 몇 년이고 살아 갈 수 있습니다. 식물인간의 생존에 대한 논란 중 가장 유명한 것이 '테리 시아 보 사건'입니다. 미국의 평범한 주부였던 테리 시아보$^{Terri\ Schiavo}$는 1990년 쓰러 졌고, 식물인간 상태에 놓입니다. 곧 회복되길 바라는 가족들의 바람과는 달 리, 테리는 수년 간 깨어나지 않았습니다. 의식이 없기에 음식은 음식은 튜브 로 강제 급식을 해야 했고, 누군가 끊임없이 케어해줘야 했지만, 그녀는 뇌사 상태는 아니었기 때문에, 호흡과 심박동은 자발적으로 유지되는 상태였습니 다. 그녀의 몸은 생물학적으로는 살아 있지만, 인간적으로는 살아있다고 말할 수 없는 상태였습니다. 그러자 테리의 가족들의 의견은 둘로 나뉘었습니다. 그녀의 남편은 생전에 그녀가 이야기했던 삶에 대한 관점에 미루어 보건대 그 녀는 절대로 이런 삶을 원하지 않았을 것이라 말하며 그녀의 강제 급식을 중 단해야 한다고 말했고, 테리의 부모님은 그녀는 아직 '살아있기' 때문에 언제 든 다시 깨어날 수 있다며 그때까지 그녀를 보살펴야 한다고 주장했습니다. 가족들의 의견 차이는 첨예해졌고 이는 결국 법적 공방으로 이어졌습니다. 수 년간 이어지던 법정 공방은 결국 남편의 손을 들어주었고, 테리는 쓰러진지 15 년 만인 2005년 3월에 급식 튜브를 제거하고, 죽음을 맞이하게 됩니다. 이 사 건은 발전된 현대 의학이 개발한 다양한 생명 유지 기술로 인해 새롭게 논의 해야 할 삶과 죽음의 권리에 대한 법적/윤리적 책임을 다시금 생각하게 만들 었습니다. 이후 시간이 많이 흘렀고, 여러 보완책이 나오고 있지만, 여전히 이 문제에 대해서는 다양한 의견들이 분분합니다. 과학의 발전은 우리가 당연히 '옳다'고 생각했던 기준을 뿌리부터 흔들기도 합니다. '옳고 그름에 대한 기준' 이 흔들리면 정체성에도 혼란이 오기 마련입니다. 이 혼란을 최소한으로 막기 위해 우리는 어떤 것을 좀더 고려해야 할까요?

04

가려진 너머를
볼 수 있을까?

현대판 투시 기술과 인공시각

투시력을 개발하는 허황된 꿈을 꿀 것이 아니라,
시력을 잃은 이들에게 빛을 되찾아주고
우리가 보는 세상을 함께 누릴 수 있도록
기술을 발전시켜나가야 할 것입니다.

•••

지금은 시험 시간. 열심히 문제를 풀어나가고 있는데, 갑자기 답이 떠오르지 않습니다. 분명히 시험이 시작되기 직전에 본 내용인데, 단어가 입안에서 맴돌 뿐 도통 생각나질 않습니다. 떠오를 듯하면서도 혀끝에서만 뱅뱅 도는 답 때문에 손바닥에는 땀이 나고 입은 바짝바짝 타들어갑니다. 시험 시간은 점점 지나가는데, 답은 생각나지 않으니 애꿎은 책상만 노려봅니다. 저 책상 속에 책이 들어 있고, 저 책 몇 페이지 몇째 줄에 답이 있는지도 알고 있습니다. 튼튼하고 두꺼운 나무 책상이 원망스럽기만 합니다. 책상이 순간적으로 투명해진다면 답을 알 수도 있을 텐데 말이죠.

누구나 이런 경험을 한 번쯤 해보았을 것입니다. 평소에 잘 생각나던 것도 긴장하면 입술에서만 맴돌 뿐, 정확한 단어가 기억나지 않는 일이 종종 있지요. 마음이 초조하고 다급해지면 단 몇 초만이라도 투시 능력이 생기면 좋겠다는 허황된 생각까지 듭니다. 좁은 의미의 투시란 막혀 있는 장애물에 구애받지 않고 그 너머에 있는 것을 꿰뚫어

보는 능력을 말합니다. 만약 이런 능력이 있었다면 시험 시간에 책상 속의 책이 보이지 않아 초조함을 느낄 일도 없었겠죠?

투시, 보이지 않는 것에 대한 갈망

일종의 초능력인 투시透視를 나타내는 단어 clairvoyance는 '깨끗한'을 의미하는 프랑스어 접두사 clair에 '시각'을 의미하는 단어인 voyance를 결합한 단어입니다. 즉, 깨끗한 유리 너머를 보듯 '실제로는 볼 수 없는 것을 뚜렷하게 볼 수 있는 능력'을 말합니다. 그동안 상대의 생각을 읽을 수 있는 텔레파시telepathy, 사물을 만져서 그 기억을 읽는다는 사이코메트리psychometry, 손가락이나 피부로 만져서 글을 읽는 피부 시각dermo-optical perception, 과거의 사실을 알아내는 과거 투시retrocognition, 미래에 일어날 일을 미리 아는 예지precognition 등이 투시라는 개념과 혼동되었습니다. 어쨌든 보통 사람들은 이러한 경험을 해본 적이 없습니다. 그럼에도 인간의 능력을 뛰어넘고자 하는 갈망은 강렬해 언뜻 보기에는 황당한 실험이 실시되기도 했습니다.

1930년 듀크대학교의 칼 제너는 초능력 카드인 ESP 카드를 고안해 투시에 관한 실험을 한 적이 있습니다. ESP 카드는 별, 십자, 네모, 원, 세 줄의 물결무늬 등 아주 간단한 다섯 가지 기호가 그려진 카드가 각각 다섯 장씩 들어 있는 카드 묶음입니다.

　실험은 이런 방식으로 진행됩니다. 먼저 카드를 충분히 섞은 뒤, 임의의 카드 한 장을 뽑아 뒤집어 놓습니다. 이때 실험 대상자는 눈을 가린 채, 이 뒤집힌 카드의 모양을 알아맞히는 것이고요.

　이 실험은 매우 간단하지만, 투시력을 갖추고 있다면 뒤집힌 카드의 모양이 간단한지 복잡한지는 상관없습니다. 우연히 적중할 수 있는 확률인 20%(다섯 가지에서 하나를 뽑을 확률 1/5×100=20%)를 기준으로 그 가능성을 테스트하는 것입니다. 예를 들어 5,000번을 실험했을 때 어떤 사람이 2,000번을 맞혔다면, 이 사람은 찍어서 우연히 맞힐 수 있는 확률인 20%, 즉 1,000번보다 1,000번을 더 맞힌 셈이 됩니다. 그러므로 미약하지만 투시력, 혹은 그 밖의 다른 초능력을 갖추고 있다고 결론을 내리는 것이죠.

　실제 이 실험 결과는 어떻게 되었냐고요? 당연히 '그런 것은 없다'고 나왔지요. 설마 다른 결과를 기대하셨나요? 실험 결과 대부분은 의미 있는 확률의 증가도 없었을 뿐더러, 실험에 대한 객관성이 부족해 의미를 찾을 수도 없었습니다. 어쩌다가 일어날 수 있는 카드 맞히기 비율의 증가는 사람들을 설득할 수 없었지요. 만약 뒤집힌 카드를 척척 맞히는 완전한 투시력을 갖춘 사람을 찾았다면 이야기는 달라지겠지만, 그런 사람은 나타나지 않아 결국 실패한 해프닝으로 끝나고 말았습니다.

다시 말해 투시와 같은 '초능력'을 가진 사람이 존재하지 않는다는 건 이미 100년 전에 증명된 일이라는 것입니다. 시간이 한 세기 넘게 지났으니 시대에 뒤떨어져도 너무 뒤떨어진 것입니다. 그럼에도 불구하고 투시나 예지안은 픽션 속에서는 여전히 다양하게 등장합니다. 그건 보이지 않는 것을 볼 수 있다는 사실 그 자체가 지닌 거부할 수 없는 매력 때문일 듯 합니다. 기본적으로 인간은 지나치게 시각 의존적인 생명체이니까요.

'본다'는 것의 의미

우리가 사물을 볼 수 있는 방법은 단 한 가지뿐입니다. 얼굴에 있는 두 눈을 통해서만 볼 수 있죠. 사람에 따라서는 안경이나 콘택트렌즈의 도움을 받기도 하지만 눈을 통하지 않고서 우리는 아무것도 볼 수 없습니다. 만약 눈이라는 신체 기관을 이용하지 않고 사물을 볼 수 있다면 어떤 점이 좋을까요? 사람들은 흔히 숨겨진 물품을 보거나 미래와 과거의 영상을 볼 수 있어 유용할 것이라 생각합니다.

하지만 실제 이런 능력이 가장 많이 가장 절실하게 필요한 사람은 시력을 잃은 사람입니다. 시력의 상실은 삶의 질을 급격히 저하시킵니다. 신체 다른 부위에 전혀 이상이 없더라도, 2024년 1월부터 새롭게 개정된 국가배상법 시행령상의 '신체장애의 등급과 노동력 상실률표'에 따르면, 한 쪽 눈을 실명하면 노동력의 50%를, 두 눈을 모두 실명하면 노동력의 100%를 상실하는 것으로 간주합니다. 시각은 우리의 오감 중에 가장 많이 사용되는 중요한 감각입니다. 인간은 매우 시각 의존적인 동물이어서 오감 중 시각으로만 받아들이는 감각 정보가 전체의 80% 정도를 차지합니다.

아기는 생후 6~7개월이 되면 엄마나 친숙한 사람을 알아보고 낯선 사람 앞에서는 울음을 터뜨리는 낯가림을 시작합니다. 그렇다면 도대체 어떤 원리로 아기는 엄마의 얼굴을 보고 인식할 수 있을까요? 나아가 엄마의 얼굴을 다른 사람과 구별할 수 있을 뿐 아니라, 엄마의 표정이 웃는지 우는지를 파악해 엄마의 기분을 알아차릴까요? 언뜻 보기에는 다소 아둔한 질문이지만, 사실 얼굴 식별은 매우 복잡한 과정입니다. 이 원리를 알아내면 인간처럼 사물을 구별하고 이해할 수 있는 기계도 만들 수 있습니다. 이런 의문에 답하기 위해 많은 사람이 연구하는 분야가 바로 시간신경과학Visual Neuroscience입니다.

각막을 거쳐 동공으로 들어온 빛은 수정체에서 굴절해 안구 속 유

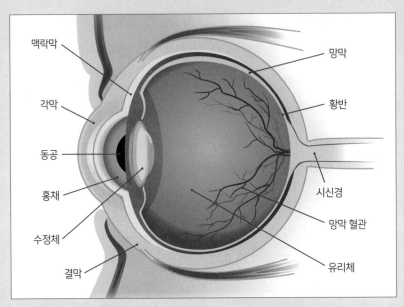

맥락막
각막
동공
홍채
수정체
결막

망막
황반
시신경
망막 혈관
유리체

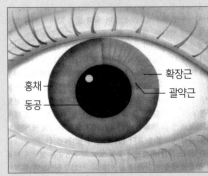

홍채
동공
확장근
괄약근

눈의 구조

눈동자로 들어온 빛은 차례로 각막, 수정체, 유리체를 통과해 망막으로 가고 망막에 있는 시신경이 빛을 인지합니다. 흔히 수정체는 카메라의 렌즈에, 망막은 필름에 비유되는데, 카메라 렌즈를 통해 들어온 영상이 필름에 투사되듯, 수정체를 지난 물체의 상은 망막에서 전기적 신호로 바뀌어 시각 피질에 전달됩니다.

리체를 지나 망막의 중심오목 부위에 상을 맺습니다. 이렇게 맺힌 상은 빛으로 이루어진 정보가 전기신호로 바뀌어 시신경을 타고 뇌로 들어가 외슬체lateral geniculate body를 거쳐 머리 뒷부분에 위치하는 시각 피질visual cortex로 전달됩니다. 눈은 빛을 모으고 그 신호를 전달하는 과정을 담당하며, 실제 시각으로 들어온 영상을 인식하는 부위는 뒷머리 쪽에 있습니다. 따라서 사고로 뒷머리를 다쳐서 시각 피질이 손상되면 눈에는 이상이 없더라도 사물을 전혀 보지 못할 수도 있습니다. 여기서 재미있는 현상이 나타납니다. 처음에 눈으로 볼 때는 빛을 인식해 광학적인 정보를 받아들이지만, 실제로 뇌는 전기적인 신호로 인식한다는 것입니다. 우리 뇌의 수많은 뇌세포는 전기적 신호를 주고받아 정보를 전달하기 때문에, 우리의 시각 신경계에는 광학적 신호를 전

고양이의 눈

야행성 동물인 고양이는 색을 구분하지 못하며, 사람과는 달리 동공의 모양도 세로형입니다. 체구에 비해 눈이 큰 편이라 종종 시각 실험에 이용되기도 합니다.

기적 신호로 바꾸어줄 수 있는 변환 장치가 존재하는데요. 그 부위가 어디냐고요? 바로 눈의 망막입니다.

1957년 하버드대학교의 스테판 쿠플러Stephan Kuffler 교수는 고양이를 이용해 이를 증명했답니다. 마취는 되었지만 눈은 뜨고 있는 고양이 앞에 스크린을 놓고 여기에 조그만 빛을 여기저기 비추면서 고양이 눈의 변화를 연구했습니다. 고양이의 눈은 빛이 비추는 위치에 따라 망막의 특정 부분에서 특정한 전기적 신호pulse가 방출되는 것이 관찰되었습니다. 즉, 우리의 눈은 마치 공간을 모눈종이처럼 촘촘히 나누어 그에 대응하는 망막의 부위가 있어서 점점이 보이는 영상을 하나로 합쳐서 '본다'는 사실을 알아냅니다. 디지털카메라의 화소와

같은 개념입니다. 디지털카메라도 '화소'라 불리는 빛의 점들을 찍어 사진을 구성하기 때문이죠. 화소가 많으면 같은 공간에 더 작은 점들을 더 많이 촘촘하게 찍을 수 있으므로 사진의 선명도가 훨씬 높아집니다. 우리의 눈은 디지털카메라에 비할 수 없을 만큼 촘촘한 화소가 존재하는 고성능 카메라입니다.

현대의 투시, 인공 시각

'본다'는 것은 이처럼 전기적 신호의 집합체이기 때문에 시각을 잃은 사람들을 위한 인공 시각의 개념도 여기서 시작되었습니다. 벽 뒤의 물체는 가려져 눈으로 볼 수 없지만 벽 너머 물체를 보는 행위 자체가 전혀 불가능한 것만은 아닙니다. 인간의 눈이 할 수 없는 기능을 확장한 기계들이 이미 많이 개발되어 있고 일상적으로도 사용됩니다. 이런 종류의 '기술적 투시' 기계들이 가장 많이 활용되고 있는 곳은 바로 병원입니다.

인체에서 주요한 기능을 하는 장기들은 대개 몸속 깊은 곳에 존재합니다. 그래서 무엇인가 문제가 생겨도 육안으로 확인하기는 쉽지 않지요. 그렇다고 매번 몸 어딘가를 쩰 수도 없는 노릇이고요. 그래서 의학 분야에서는 예전부터 몸 안에서 무슨 일이 일어나고 있는지 몸 밖에서 확인하는 다양한 방법을 고안했습니다. 1816년, 프랑스의 의사 르네 라에네크^{Rene Laennec, 1781~1826}는 환자의 몸속에서 나는 소리를 제대로 듣는 것이 환자를 진찰하는 데 많은 도움이 된다는 생각에 속이 빈 나무통을 이용해 최초의 청진기를 만들었습니다. 이후 청진기는 발전을 거듭해 지금은 흰 가운과 함께 의사의 대표적인 이미지가 되었습니다. 물론 소리를 듣는 것만으로는 여전히 부족한 점이 많습니다. 소리를 듣는 것 말고 몸 내부를 직접 들여다볼 수 있는 장치가 있다면 얼마나 좋을까요?

과학사에서 종종 보이듯이, 이 간절한 소망은 사소하고도 우연한 실수에서 해결의 실마리가 생깁니다. 1895년 어느 날, 독일의 물리학자 빌헬름 뢴트겐^{Wilhelm Röntgen, 1845~1923}은 실험 도중에 빛에 전혀 노출된 적이 없는데도 마치 빛을 받은 것처럼 감광되어버린 사진 건판을 우연히 발견합니다. 뢴트겐은 이 사소한 사건을 단순한 실수로 넘기지 않고 이유를 찾기 시작합니다. 가만히 보니 사진 건판이 있던 곳 근처에 크룩스관이 켜진 채로 있었습니다. 크룩스관은 켜두면 인광이 발생하기는 하지만, 당시 그의 연구실 내부에 있던 크룩스관은 두꺼운 검은 종이로 가려진 상태라 외부로는 전혀 (눈에 보이는) 빛이 새어 나오지 않았습니다.

여기서 뢴트겐은 다소 엉뚱한 가설을 세웁니다. 빛은 '무언가를 볼 수 있는 밝기'를 가진 존재라는 고정관념을 넘어, 빛은 빛이되 우리 눈에는 보이지 않으면서 덮어둔 검은색 덮개를 뚫고 발산할 수 있는 강력한 빛이 존재할지도 모른다는 가능성 말이죠. 뢴트겐은 크룩스관과 사진 건판, 다양한 가리개를 써서 실험한 결과, 크룩스관에서는 사진 건판을 감광시킬 수 있지만 눈에는 보이지 않는 빛이 발산되며 이 빛은 종이, 천, 얇은 나무판 정도는 아무렇지도 않게 뚫고 지나갈 수 있다는 사실을 알게 됩니다. 하지만 당시에는 이 '미지의 빛'이 어떻게 발생하고 어떤 역할을 하는지 아무것도 알 수 없었습니다. 그래서 뢴트겐은 이 신기한 빛에 아직 알 수 없다는 뜻을 지닌 'X선'이라는 이름을 붙여주고 연구 결과를 발표합니다. 당시 사람들의 관심을 가장 많이 끌었던 것이 바로 이 한 장의 손 사진입니다.

이 사진은 빌헬름 뢴트겐의 아내인 안나 베르타 뢴트겐의 손을 찍은 X선 사진입니다. 맨눈으로는 전혀 보이지 않는 손가락뼈가 선명하게 보이죠. 심지어 뼈만 남은 약지에 결혼반지가 끼워져 있는 모습은 얼핏 절망적인 공포 영화의 한 장면처럼 보이지만, 현실에서 이 사진의 의미는 희망 그 자체였습니다. 인류는 역사상 최초로 피부를 가르지 않고 인체 내부를 들여다볼 수 있는 방법을 찾아낸 것이니까요. 이후 연구를 거듭한 결과, X선은 파장이 짧고 에너지가 강력한 전자기파의 일종이며 종이나 나무, 천, 피부와 근육

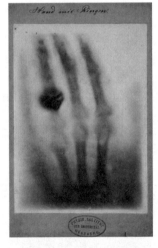

최초의 X선 사진
안나 베르타 뢴트겐의 손을 찍은 X선 사진입니다. 이 X선 사진은 인류 역사상 피부를 가르지 않고 인체 내부를 들여다본 최초의 사례라 할 수 있지요.

은 투과하지만, 대부분의 금속과 뼈, 치아 같은 단단하고 치밀한 조직은 통과하지 못하고 막혀서 검게 나타난다는 사실을 알아냅니다. 참고로 초기의 X선 사진은 X선이 통과하는 부위는 흰색, 막히는 부위는 검은색으로 찍혔지만, 지금의 X선 사진은 이를 반대로 적용하고 있습니다. 그래서 뼈와 치아가 흰색으로 보이는 거죠.

이처럼 사람을 X선에 노출시키면 피부와 근육을 투과해 몸속의 골격과 치아를 볼 수 있습니다. X선 사진을 찍으면 뼈의 형태와 이상 유무를 한눈에 알 수 있어, 골절이나 탈골의 진단과 치료에 도움이 됩니다. 게다가 치아의 어떤 부분에 충치가 생겼는지도 알 수 있어 적절한 치료를 받는 데도 도움이 되지요. 특히 X선은 전쟁터에서 위력을 발휘했습니다. 전쟁 중에 총이나 폭탄으로 부상당한 병사를 살리려면 빠른 시간 안에 몸속에 박힌 총알이나 금속 파편을 제거해야 하는데, 예전에는 총알이 몸속 어디에 박혀 있는지 몰라 제거하지 못한 채 후유증을 남기는 경우가 많았습니다. 하지만 X선은 환자에게 고통을 주지 않으면서도 빠른 시간 안에 총탄이나 파편이 박힌 부위와 부상 정도를 알려줘 수많은 군인의 목숨을 구할 수 있었지요. 이 공로로 뢴트겐은 1901년에 제1회 노벨 물리학상을 받습니다.

이후 X선을 이용한 검사는 의료계의 기본 검사 중 하나로 자리 잡았고, 지금도 뼈와 치아의 이상과 체내의 이물질 판별, 담석 유무 등을 검사할 때 유용하게 활용되고 있습니다. 대부분의 X선 사진은 2차원 평면으로 찍히지만, 1970년대 들어서는 X선을 이용해 인체를 아주 작은 단편으로 잘라 각각 X선 사진을 찍고 이를 컴퓨터로 합성하여 3D 이미지를 만드는 기법인 전산화 단층촬영Computed Tomography, CT이 개발되어 더 정밀하고 복잡한 사진을 찍을 수 있지요. CT 촬영에서 조영제를 이용하면 혈관의 세밀한 모습까지 볼 수 있어 뇌와 신장 등 혈관이 복잡하게 얽혀 있는 곳의 병변을 파악하기 좋습니다. 이 기술을 개발한 앨런 매클라우드 코맥Allan MacLeod Cormack, 1924~1998과 고드프리 뉴볼드 하운스필드Godfrey Newbold Hounsfield, 1919~2004도 1979년 노벨 생리학상 수상자로 선정됩니다.

X선은 인체 내부를 절개하지 않고 들여다볼 수 있는 훌륭한 도구지만 한계도 분명히 있습니다. 첫째, X선은 그 특성상 뼈와 치아, 폐의 석회화 정도, 담석 및 결석, 그리고 조영제를 사용했을 경우 혈관까지도 세밀하게 파악할 수 있지만 인체 내부의 모든 곳을 다 들여다볼 수는 없습니다. 특히나 X선만으로는 내장 기관의 대부분, 근육, 인대, 결합 조직 등의 연조직을 세밀하게 보기는 어렵습니다.

하지만 더 큰 문제는 바로 X선 자체의 위험성입니다. 방사선의 일종인 X선을 많이 찍으면 그만큼 방사선에 많이 피폭됩니다. 물론 진단용으로 쓰는 X선의 피폭량은 건강에 이상을 줄 정도로 높은 것은 아니지만, 이 분야에서 일하는 사람들에게는 문제가 될 수 있습니다. 실제로 X선이 도입된 초기, X선 사진 촬영 비율이 높았던 치과 의사 중에 지나친 X선 피폭으로 암이 발병한 경우가 많았고, 방사선 연구자의 대표자인 마리 퀴리도 제1차 세계대전 당시, 전장에서 직접 X

선 기계를 들고 다니며 부상병을 진단하다가 X선에 과다하게 피폭되어 말년에 백혈병으로 사망했습니다. 특히 X선과 같은 방사선은 어릴수록 그 피해가 심각합니다. 그래서 임신 중인 여성은 태아에게 미칠 악영향을 고려해 X선 촬영을 가급적 피해야 합니다.

X선의 단점을 보완하는 또 다른 '기계적 투시 장치'는 바로 초음파 기기입니다. 원래 초음파超音波, ultrasonic sound란 인간의 귀가 들을 수 있는 가청주파수보다 높은 음역대의 소리, 즉 음파 가운데 매우 높은 고주파를 의미합니다. 그런데 소리가 어떻게 시각적인 이미지로 바뀌는 걸까요? 흥미롭게도 이 세상에는 이미 초음파를 이용해 소리를 '보는' 동물들이 존재합니다. 대표적인 동물이 박쥐인데요. 박쥐는 진행 방향으로 초음파를 내보내고 이 초음파가 장애물과 충돌한 뒤 튕겨 나오는 정도를 인식해 장애물의 크기와 모양, 장애물과의 거리 등을 인식합니다. 초음파의 튕김(또는 투과) 정도를 시각 이미지화시켜 눈 대신 소리로 보는 셈이죠.

초음파는 음파입니다. 따라서 매질이 있어야 파동이 전달되겠죠? 만약 매질이 동질하다면 초음파는 원래의 파장 그대로 전달될 것입니다. 하지만 매질이 바뀐다면 그 경계면을 중심으로 초음파는 반사, 굴절, 산란, 흡수 등 다양한 변화를 겪습니다. 예를 들어 간에 초음파를 쏘이면, 간세포만으로 이루어진 조직을 통과할 때와 간에 생겨난 다른 종양이나 물혹을 통과할 때는 각 조직의 밀도가 달라 초음파의 굴절률이 달라집니다. 이 작은 차이를 시각화시키면 초음파로 이미지가 만들어지는 것이죠.

초음파로 보이지 않는 곳을 보는 탐지 장치들은 이미 1900년대 초부터 바닷속의 암초나 잠수함을 찾아내는 군사적 용도로 사용되고 있었습니다. 이를 최초로 의료용으로 사용한 인물은 1942년 오스트리아의 의사 칼 뒤시크Karl Dussik, 1908~1968였습니다. 1955년 영국의 산부인과 의사 이안 도널드Ian Donald, 1910~1987는 초음파로 태아를 관찰할 수 있다는 것을 처음으로 알아냈습니다. 초음파는 X선과는 달리 살아있는 세포 조직에 별다른 이상을 주지 않기 때문에 배 속의 태아에게도 사용할 수 있습니다. 장치가 비교적 간단하고 크기도 작아서 휴대용으로도 사용할 정도고, 실시간 측정이 가능해 장기의 움직임과 태아의 동작을 촬영하는 것도 가능합니다. 심지어 3차원으로 입체적이고 동적인 영상을 찍을 수 있습니다. 다만, 초음파는 투과력이 약해 단단한 뼈조직은 투과할 수 없고, 가스가 차면 그림자처럼 보여 명확한 판독이 어려울 때도 있습니다. 다시 말해, 판독자의 숙련도가 판독의 정확도에 많은 영향을 미쳐 정밀도가 조금은 떨어진다는 것이 단점이지요.

이런 문제를 극복한 또 다른 기계적 투시 방법이 바로 자기 공명 영상Magnetic Resonance Imaging, MRI입니다. 우리 몸속에는 수소가 많이 들어 있습니다. 양성자 한 개로 이루어진 가장 단순한 형태의 원자인 수소는 원래 고유한 진동수로 회전하고 있습니다. 이 수소 원자의 회전은 평소에는 다양한 방향으로 제각기 이루어지지만 강력한 자기장을 걸어주면 일정한 방향으로 정렬됩니다. 여기에 라디오 전파와 비슷한 주파수의 전자파를 쏘이면 수소 원자들이 이를 흡수했다가 방출하면서 신호를 내지요. 이를 통해 우리 몸 어느 곳에 수소 원자들이 존재하고 있는지 정확하게 알 수 있어요. 신체의 조직마다 수분 함유량이나 밀도 등이 다르기 때문에 신체의 각 부분은 다른 진동수를 보입니다. 특히 근육과 인대, 뇌 조직 등 연조직을 비교적 정확하게 볼 수 있습니다. 원자 단위로 측정하니 정밀할 수밖에 없겠지요. 이처럼 수소 원자들의 미묘한 신호 차이를 우리 눈에 보이는 이미지로 바꾸어주면 MRI 영상을 얻게 됩니다. MRI는 초음파처럼 검사 대상에 제한이 없고, 노이즈도 크지 않고, X선처럼 이온화 방사선을 이용하지 않아 피폭의 위험도 없습니다.

평상시 수소 원자의 회전 운동(왼쪽)과 자기장을 걸어주었을 때 수소 원자의 회전 운동(오른쪽)

다만 MRI는 강력한 자기장을 걸어주기 때문에, 검사할 때 몸에 절대로 금속 물질을 가지고 있어서는 안 됩니다. 체내에 금속 제품을 시술했을 경우에는 검사를 받지 못할 수도 있습니다. 체내에 삽입된 물품 뿐 아니라, MRI 기계 근처에 놓아둔 금속제 물품도 위험합니다. 지난 2021년에도 국내 병원에서 MRI의 강력한 자성에 의해 근처에 있던 금속제 산소 탱크가 기계 안으로 빨려 들어가면서 검사 중이던 환자가 사망하는 불행한 사고가 일어난 적이 있습니다. MRI 기계에서 발생하는 자기장의 세기는 지구 자기장의 3만 배쯤 강력하기 때문에 금속성 물질을 가지고 MRI 기계 근처에 접근할 때는 주의해야 합니다. 심장에 넣은 스텐리스 스틸 재질의 스텐트나 청력 보강용으로 이식한 인공 와우도 문제가 된 경우가 있습니다. 다만, 최근에 주로 사용하는 티타늄이나 코발트-크롬으로 만든 제품은 자성에 거의 영향을 받지 않기 때문에 안심해도 됩니다.

이 밖에도 물리적으로 가려진 것은 아니지만, 인간의 눈이 지닌 생물학적 한계로 볼 수 없는 세상을 보게 해주는 개안^{開眼} 수준의 기계도 많이 만들어졌습니다. 인간의 눈은 매우 뛰어난 시각 장치지만 $100\mu m$ 이하의 물체는 볼 수 없고, 초당 24프레임 이상의 움직임은 감지하지 못하며, 가시광선(380nm~700nm)을 벗어난 영역의 전자기파는 볼 수 없습니다. 하지만 이제 우리에게는 지나치게 작아서 볼 수 없는 것을 보게 해주는 현미경, 너무 멀리 떨어져 있어 희미한 것을 가깝게 보여주는 망원경, 인간의 눈이 인식하는 가시광선 파장을 벗어난 빛을 잡아주는 적외선 카메라 및 자외선 카메라, 인간의 눈이 따라갈 수 없는 찰나의 변화나 오랜 시간의 변화를 보여주는 초고속 촬영 및 저속 촬영 카메라 등이 있습니다. 따라서 이전에 볼 수 없었던 영역까지 충분히 우리의 '가시 영역' 속으로 들어온 상태입니다.

빛을 되찾아주는 과학

사람들은 자신이 가지고 있지 않는 능력을 동경하는 경향이 있습니다. 볼 수 없는 것을 보고 싶어 하는 간절한 소망이 투시라는 개념을 만들었을지도 모릅니다. 그런데 가끔 우리는 사물을 볼 수 있다는 것이 얼마나 큰 축복인지 잊고 사는 것 같습니다. 눈을 통해 세상의 빛과 아름다움을 늘 보고 있기 때문인지도 모르겠습니다. 볼 수 없는 것을 보려는 것보다는 우리가 보는 것을 제대로 인식하고 감사할 줄 아는 것이 더 중요하다는 사실을 기억하세요. 우리는 투시력을 개발하는 허황된 꿈을 꿀 것이 아니라, 시력을 잃은 이들에게 빛을 되찾아주고 우리가 보는 세상을 함께 누릴 수 있도록 기술을 발전시켜나가야 할 것입니다.

다시 빛을 찾다

"몸이 천 냥이면 눈이 구백냥"이라는 옛말이 있습니다. 이 말이 과장된 것만이 아닌 것이, 국가배상법에 의하면 시력을 상실하는 경우, 노동력의 상실을 100%로 상정하고 있을 정도이니까요. 심봉사의 눈을 뜨게 하는데 필요한 공양미는 쌀 300석이라고 하는데, 1석은 160kg이니 총 48,000kg, 즉 쌀 48톤에 이르는 어마어마한 양입니다. 반찬보다 밥을 많이 먹던 1970년의 1인당 연간 쌀 소비량이 190kg였던 것을 감안한다면, 공양미 300석은 심청이와 심봉사 두 식구가 100년 넘게 먹어도 남아서 평생 먹거리 걱정을 하지 않아도 될 만큼 어마어마한 양입니다. 그럼에도 불구하고 이 많은 쌀을 바쳐서라도 눈을 뜨게 하고 싶어할만큼 시각을 되찾는 것이 간절했던 것이죠.

하지만 아무리 간절해도 부처님의 은덕으로 눈이 번쩍 떠지는 일 같은 건 전래동화 속의 일일 뿐입니다. 현실의 인류는 스스로의 손으로 만들어낸 '인공 눈'을 만들어서 잃어버린 시각을 되찾기 위해 노력하고 있습니다. 하지만 처음부터 눈을 그대로 만들어낼 수 있었던 아니죠. 수정체와 각막, 망막 등 눈을 구성하는 구조물들을 하나씩 만들면서 차근차근 나아가고 있습니다.

현재 눈에 이식하는 인공구조물 중 가장 일상적인 것은 인공수정체입니다. 눈의 수정체는 카메라의 렌즈와 같은 역할을 하는 부위인데, 여기에 백내장이 생겨 불투명해지면 빛이 제대로 통과하지 못해 앞을 보지 못하게 됩니다. 하지만 이젠 그런 일은 더 이상 없습니다. 인공 수정체가 그 역할을 대신하고 있으니까요.

20세기 중반, 영국의 안과의사였던 해롤드 리들리Harold Ridley, 1906~2001는 투명하고 강도가 높은 플라스틱의 일종인 PMMApolymethyl metahcrylate을 이용해 인공수정체를 만드는데 성공합니다. 이후 인공수정체는 개량과 개선을 거듭해 현재는 시력 및 노안 교정용 수정체, 색 보정 기능이 포함된 수정체, 다초점 렌즈 기능이 든 수정체 등 다양한 인공 수정체가 개발되어 사용되고 있으며, 이제 인공 수정체 시술은 거의 일상이 되었습니다. 2022년 주요수술통계연보에 따르면, 한 해 동안 시행되었던 주요 수술 34종 2,067,715건 중 인공수정체 치환술(백내장 수술)이 전체의 35.6%에 달하는 735,693건이나 될 정도로 일상적으로 시술되고 있지요.

두 번째는 인공 각막입니다. 보통 각막의 손상은 기증자의 생체 각막을 이식하는 경우가 많았습니다. 각막이식은 면역 거부반응이 드물기 때문에, 기증자만 있으면 얼마든지 혈액형 등에 상관없이 이식받을 수 있어 이식이 활발하게 이루어졌습니다. 하지만 이식의 수월성과는 상관없이, 모든 장기이식과 마찬가지로, 각막이식 역시 기증자와 수요자의 불균형으로 인한 대기 시간이 긴 것은 여전히 문제였습니다. 이에 사람들은 대기 시간이 필요없는 인공 각막을 개발하기 시작했습니다. 현재 대표적인 인공 각막은 1960년대 중반 돌먼^{Dohman}에 의해 개발된 PPMA 재질의 보스톤 I형 인공각막으로, 꾸준한 개선을 거쳐 안정성과 유효성이 입증된 바 있어서 기증 각막의 부족분을 어느 정도 채워주고 있습니다.

각막과 수정체의 병변 및 외상으로 인한 실명의 치료 분야에서 얻은 발전과는 달리, 망막의 손상으로 인한 실명은 여전히 그 치료 및 보철 기구의 개발은 아직은 갈길이 멉니다. 망막에 존재하는 세포들은 여타의 중추신경계를 구성하는 세포들과 마찬가지로 한 번 파괴되면 재생이 거의 불가능하기에, 망막 손상은 완치가 어려운 질환입니다. 또한 망막은 시각피질과 연결되어 있기에, 망막의 손상이 시각피질의 인식 능력에 악영향을 미쳤을 가능성도 있습니다. 따라서 인공 망막의 개발을 위해서는 먼저 망막만 복구한다면 눈과 뇌의 연결이 다시금 복구될 수 있으리라는 보장이 필요했습니다.

다행히 여기에서는 긍정

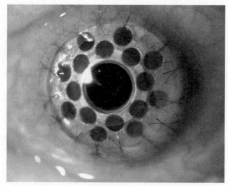

인공각막을 이식한 환자의 눈. 인공각막은 대기 시간이 적어 각막 손상으로 인한 실명의 치료방법으로 쓰이고 있다.

적인 결과가 나왔습니다. 1967년 영국의 브린들리Brindley와 르윈Lewin은 무선 시각피질 자극기를 이용해 망막 손상 환자들의 시각 피질에 전기적 자극을 가하면, 이를 반짝거리는 섬광으로 인식함을 알아냅니다. 이 소식에 학자들은 망막에 존재하는 시세포의 역할에 주목했지요. 원래 눈으로 빛이 들어오면 망막의 시세포들이 이를 전기적 신호로 바꾸어 뇌의 시각피질에 전달합니다. 다시 말해 망막의 시세포들은 빛이라는 물리적 자극을 전기적 신호로 바꾸는 신호교환기 역할을 하는 셈입니다. 이에 학자들은 빛을 받아들이는 화상 획득 장치, 이 빛이 가진 정보를 파악해서 전기적 신호로 바꾸어 주는 신호 전환 장치, 이 신호를 시신경에 전달하는 시신경 자극 및 전송 장치, 그리고 기계이기 때문에 이 모든 것을 움직이게 하는 전원공급 장치를 연결시켜 생물학적 눈을 대신할 '기계 눈'을 개발하려는 시도를 하기 시작했지요. 이에 지난 2013년 최초로 FDA의 승인을 받은 망막보철장치 아르구스 II Argus II에 이어, 최근에는 이보다 업그레이드 된 시각피질보철장치인 오리온 비주얼 코티컬 보철 시스템 Orion Visual Cortical Prosthesis System이 임상시험 중입니다. 오리온은 선글라스 형태로 만들어진 카메라로 시각 정보를 수집한뒤, 변환장치를 통해 이를 전기 신호로 바꾸고 시각 피질에 미리 삽입해둔 임플란트 장치로 전기 신호를 무선으로 전달하는 장치입니다. 이렇게 변환된 시각 신호는 우리가 지금 두 눈으로 보고 있는 풍광과는 사뭇 다른 형태이기에 착용자는 이에 적응하기 위해 몇 달간의 조정 기간을 거쳐야 함에도 불구하고, 장애물의 인식 및 사물의 움직임에 대한 정보를 전달할 수 있어 긍정적으로 평가받고 있습니다. 여기에다가 향후에는 뇌에 심어두는 임플란트에 배열된 전극의 수를 늘리면, 좀더 섬세한 시야 구분이 가능하며, 두 대의 카메라가 찍은 정보를 합치는 방식을 통해 원근감도 줄 수 있을 것으로 여겨져 인공 시각의 실현에 대한 기대감이 높아지는 실정입니다. 하지만 여전히 인공망막은 사람의 눈을 대치하기는 어렵습니다. 누구나 언제나 밝은 빛으로 가득 찬 세상을 눈에 담을 수 있는 날은 언제쯤 실현될까요?

05

범죄의 현장에는
기억이 남는다?

과학적 사이코메트리, 법과학

현대의 과학기술은 우리에게
사물의 기억을 읽어내는 능력을 선사했습니다.
즉, 관련 증거를 수집해 이를 분석하고 추론해
과거를 재구성하는 것이지요.

$$\bullet\ \bullet\ \bullet$$

"범인이 두고 간 단서는 이것뿐이야."

"이게 뭐죠? 종이로 만든 고리 같은데."

"이건 뫼비우스의 띠야."

"뫼비우스의 띠?"

"그래, 사건은 미궁이고 유일한 단서는 범인이 두고 간 이 기묘한 종잇조각뿐이야. 이제 네 힘이 필요해, 에지."

"글쎄 한번 해보죠. 음… 보이는 건 가위와 육각형, 그리고 별."

위 에피소드는 『미스터리 극장 에지』라는 일본 만화에 나오는 한 장면입니다. 여기서 잠깐, 뫼비우스의 띠에 관해 알아두는 것도 좋겠죠. 뫼비우스의 띠는 직사각형 띠 모양의 종이를 한 번 꼬아서 끝과 끝을 연결했을 때 생기는 곡면입니다. 독일의 수학자 뫼비우스가 처음으로 제시해 '뫼비우스의 띠'라고 부르지요. 이렇게 만들어진 띠는 면이 하나밖에 없어 앞면과 뒷면의 구별이 없고 좌우의 방향을 정할

수 없습니다. 또 뫼비우스의 띠 가
운데에 선을 긋고 이 선을 따라서
가위질을 하면 폭은 원래의 절반이
고 길이는 두 배가 되는 하나의 고
리가 만들어집니다.

어쨌든 만화 속에서 불량스러워
보이는 고등학생 에지는 우연한 기
회에 엘리트 여형사 시마를 알게
되고, 그녀를 도와 미궁에 빠진 사

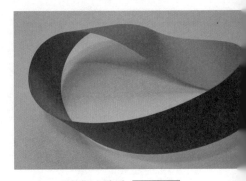

뫼비우스의 띠
시작과 끝, 안과 밖의 구별이 없는 무한
곡면인 뫼비우스의 띠.

건들을 해결합니다. 아직 고등학생인 에지가 어떻게 경찰들도 해결
하지 못한 어려운 사건들을 풀어나갈 수 있을까요? 만화 속에서 에
지는 사이코메트리라는 특별한 능력을 지닌 소년으로 등장합니다.

사물을 읽는 힘, 사이코메트리

사이코메트리psychometry. 이 말은 그리스어의 'psyche(혼, 영혼)'와
'metron(측정)'이라는 단어가 합성된 말로, '사물에 깃들인 혼을 측
정하고 해석하는 능력'을 뜻합니다. 한때 선풍적인 인기를 끌었던 드
라마 〈별에서 온 그대〉의 주인공 도민준(김수현 분)은 신비한 외계인
답게 초인적인 능력을 많이 가지고 있는데, 그중 하나가 사이코메트

리입니다. 몰래 설치된 카메라를 만지는 것만으로도 이를 설치한 사람이 누구인지 알 정도니까요. 사이코메트리라는 단어는 미국의 과학자 J. R. 버캐넌이 제창했다고 알려져 있는데, 어떤 물질을 통해 과거의 잔상을 읽어낸다는 점에서 일종의 투시입니다. 사이코메트리란 세상 모든 만물에는 그들이 목격한 과거의 정보가 남아 있으니, 이를 읽어낼 수도 있다는 뜻입니다. 쉽게 말해 세상 모든 만물이 녹음기나 카메라처럼 작동하며, 이들이 작동하는 방식을 아는 사람은 이를 읽어낼 수도 있다는 뜻입니다.

그렇다면 과연 이런 능력이 실재할까요? 이런 능력을 믿는 사람들은 실제로 이 비밀스런 능력을 가진 사람들이 범죄 수사에 도움을 주고 있다고 주장합니다. 또 범죄 해결에 결정적인 역할을 하는 사람들을 보호하고자 자신의 신변을 숨기고 자신의 능력을 부정한다고 주장하지요. 가끔 외국 드라마에서 20세기 중반까지 초능력자가 등장해 경찰이 해결할 수 없는 사건을 해결하는 장면이 나오는데, 이를 통해 초능력이 수사에 도움을 주었다는 뉘앙스를 풍기며 재미를 주지만, 당연하게도 현실에 이런 것이 가능할리가 없습니다. 사이코메트리는 지금껏 한 번도 과학적으로 증명된 적이 없는, 사이비과학일 뿐입니다.

실존하는 사이코메트러, CSI 과학수사대

사이코메트리 자체는 사이비과학이지만, 물건들을 조사해 과거에 어떤 일이 일어났는지를 유추하는 것 자체는 가능합니다. 그리고 이런 것들을 전문적으로 하는 이들도 있습니다. 혹시 예전에 드라마로 방송되어 인기를 끌었던 〈CSI 과학수사대〉를 기억하시나요? CSI란 Crime Scene Investigation(범죄 현장 수사)의 약자로 범죄가 일어났을 때 가장 먼저 현장에 도착해 사건 해결에 중요한 증거를 수집하고 이를 토대로 사건을 분석해 범죄의 원인을 밝혀내는 감식 수사를 말합니다. 이 시리즈는 여러 종류의 드라마가 파생될 정도로 최고의 인기를 누렸습니다.

미국에서는 이 드라마가 어찌나 인기를 끌었는지 'CSI 효과'라는 신조어가 생겨날 정도였습니다. 'CSI 효과'란 한 시간짜리 드라마 안에 여러 사건이 모두 해결되는 상황에 매료되어, 실제로는 몇 주, 몇 달씩 걸리는 증거물 검증 작업이 단 사나흘이면 해결된다고 믿거나, 모든 상황적 증거가 충분한데도 결정적인 증거가 없다는 이유로 유죄 판결을 꺼리는 배심원들이 늘어나는 현상을 의미합니다.

드라마가 워낙 인기 있다 보니 일어난 일종의 해프닝이었겠지만, 어쨌든 현대 과학수사의 힘으로 과거에는 상상하지도 못할 만큼 숨겨진 진실을 드러내기도 합니다. 이들은 범죄 현장에서 최대한 많은 증거를 수집합니다. 혈흔, 지문, 발자국을 비롯해 범인이 남긴 모든 것을 찾습니다. 모근이 붙어 있는 머리카락에서는 유전자를 얻을 수 있습니다. 머리카락은 하루에도 수십개씩 저절로 빠지기 때문에 범인은 현장에 머리카락을 흘리고 가기 쉽지요. 이런 직접적인 증거뿐 아니라, 범죄 현장에 놓여 있는 물품이라면 뭐든지 이들의 눈을 피할 수 없지요. 범인이 마시던 음료수 잔, 피우다 버린 담배꽁초나 씹던 껌,

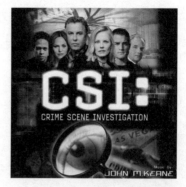

〈CSI 과학수사대〉
사건 해결에 중요한 증거 수집과 사건의 직접적 원인을 밝혀내는 감식 수사관(국내 명칭: 과학수사대)을 소재로 한 미국 CBS TV 드라마입니다.

심지어 모자나 옷에서도 유전자를 얻을 수 있습니다. 사람의 침이나 저절로 탈락된 피부 세포에서도 DNA를 추출해 증폭시키는 기술이 개발되었거든요.

1983년 캐리 뮬리스는 DNA에서 원하는 부위를 무한정 증식시킬 수 있는 중합효소연쇄반응^{PCR}을 개발했습니다. PCR은 DNA를 증폭시키는 기술입니다. 마치 복사기로 문서를 복사하듯 적은 양의 DNA를 대량으로 복제하는 것이죠. 이 방법은 단 몇 가닥의 DNA만 있어도 우리가 실험에 쓸 만큼 충분한 양의 DNA를 얻게 해줍니다. 따라서 범죄 현장에 아주 조금이라도 범인의 DNA가 남아 있으면 이를 증폭시켜 사건 해결에 많은 도움을 줄 수 있습니다. 이런 DNA 증폭 기술은 수많은 생물학 실험을 용이하게 해주었고 고고학

발전에도 도움을 주었습니다. 캐리 뮬리스는 이 공로로 1993년 노벨 화학상을 수상합니다. 우리나라도 국립과학수사연구원에서 이런 역할을 수행하고 있지요.

가끔 TV에서 방영되는 사극을 보면 죄인을 심문하는 장면이 나옵니다. 예전에는 범인을 밝히는 과정에서 가장 결정적인 증거는 범인의 자백이었습니다. 하지만 스스로 나서서 내가 그랬다고 하는 사람은 별로 없을 테니, 용의자의 자백을 받아내기 위해 심한 고문과 가혹 행위가 따르는 경우가 다반사였죠. 그러다 보니 매에는 장사가 없다고 심한 고문을 가하면 고통에서 벗어나기 위해 저지르지도 않은 죄를 저질렀다고 허위 자백을 하는 경우도 적지 않았습니다. 중세 시대 마녀재판이 대표적이었습니다. 그래서 오늘날의 법정에서는 객관적인 증거가 없는 범인의 자백은 증거로 인정하지 않습니다. 현재 우리나라는 '피의자의 자백이 유일한 증거라면 이는 유죄의 증거가 될 수 없다'고 형사소송법 제310조에 명시되어 있습니다. 범인에게 죄를 물으려면 반드시 객관적이고 과학적으로 범죄 사실을 증명할 수 있는 증거가 필요합니다. 자백은 보충 요소지 필수 요소나 절대 요소가 아니라는 말이죠. 따라서 현대 범죄 수사에서는 과학적인 방식으로 접근하는 것이 매우 중요합니다.

과학수사와 국립과학수사연구원

과학수사란 사건의 진상을 명확히 밝히기 위해 막연한 추론이나 심증이 아닌 현대적인 시설과 장비를 가지고 과학적인 지식과 기술을 범죄 수사에 활용하는 합리적인 수사 방식을 말합니다. 고도로 발달된 현대사회는 각종 문명의 이기를 발전시켜 인간 생활에 편리함을 가져다주었지만, 그만큼 범죄도 다양해지고 지능적으로 변화하고 있습니다. 따라서 약삭빠른 범인들을 잡기 위해 수사 방식도 그만큼 전문적이고 과학적으로 바뀌고 있지요.

과학수사에는 의학, 생물학, 화학, 생화학, 물리학, 독물학, 혈청학 등 모든 분야의 자연과학은 물론이고, 범죄학, 사회학, 논리학, 심리학 등 사회과학까지 총동원됩니다. 이런 학문 분야를 통틀어 법과학forensic science이라고도 합니다.

법과학의 필요성은 오스트리아의 법관 한스 그로스Hans Gross, 1847~1915가 처음 주장했고, 프랑스의 에드몽 로카르드Edmond Locard가 이를 실현했습니다. 로카르드는 1910년 프랑스의 리옹 경찰청에 처음으로 과학 연구실을 만들고 스스로 연구실장이 되어 범죄 해결에 과학적인 방법을 실질적으로 도입시킨 인물이지요. 우리나라의 경우 초기에는 경찰이 과학수사의 일종인 감식 업무를 실시했으나, 1955년 국립과학수사연구원(줄여서 국과수)이 설립되어 경찰청과 공조하고 있습니다. 현재 법의학, 생물학, 약독물학, 문서 감정, 화학 분석,

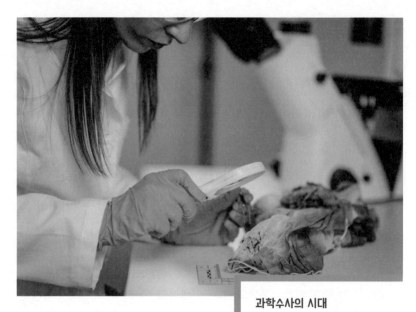

물리 분석, 범죄 심리 분석, 교통공학 연구는 국과수에서 담당하고, 지문, 족흔(발자국), 거짓말탐지기, 몽타주 분석, CCTV 판독 등은 경찰청 과학수사과에서 담당하고 있습니다.

예를 하나 들어볼까요. 불행하게도 어떤 집에 강도가 들어 주인을 살해하고 금품을 훔쳐 달아난 사건이 일어났습니다. 사건 며칠 후, 근처에서 도둑질을 하던 사람이 잡혀왔는데, 이 사람이 며칠 전 살인사건의 범인으로 강력히 의심됩니다. 그렇다면 그가 진짜 범인인지 아닌지 어떻게 밝힐 수 있을까요?

옛날에는 용의자를 고문해 이실직고하게 만들었을 테고, 드라마 속 사이코메트러라면 사이코메트리를 통해 피해자를 해친 흉기로 범인의 인상을 읽어냈겠지만, 지금의 수사관은 각종 증거를 모아 국과수로 보내 감정 결과를 기다릴 겁니다. 국과수에서는 먼저 법의학과에서 시신을 검시해 죽음의 종류(자연사, 병사, 자살, 타살 등)와 사인死因, 사망 추정 시간 등을 밝혀냅니다. 만약 피해자가 타인에게 흉기에 찔려 사망한 것이 분명하다면 먼저 흉기가 어떤 종류인지 밝혀야겠죠. 피해자에게 남은 상처 자국의 깊이와 모양, 각도 등을 조사하면 흉기의 종류와 모양, 날카로운 정도뿐만 아니라, 가해자가 왼손잡이인지 오른손잡이인지도 밝힐 수 있답니다. 자, 이제 용의자의 집을 수색해 흉기로 의심되는 물건과 범행 당시 입은 옷을 찾아냈습니다. 여기서 가해자의 지문과 피해자의 핏자국을 발견할 수 있다면 수사가 빨리 끝날 테지만, 이런! 그는 용의주도하게도 벌써 흉기와 옷을 깨끗이 씻어버렸네요. 그럼 이제 더 이상 방법이 없을까요?

방법은 있습니다. 루미놀 검사luminol test입니다. 루미놀의 알칼리 용액과 과산화수소수를 섞은 액체를 이용해 실시하는 검사인데요. 루미놀은 과산화수소수와 만나면 산화되어 푸르스름한 형광 빛을 띠는데, 이 과정에는 촉매제가 필요합니다. 핏속에 존재하는 적혈구의 헴heme은 루미놀 반응의 좋은 촉매제입니다. 따라서 피가 묻은 곳에 루미놀 용액을 뿌리고 주변을 어둡게 하면, 헴이 촉매제가 되어 산화된 루미놀이 푸른 형광으로 빛납니다.

루미놀 반응은 민감도가 뛰어나서 혈액이 1만 배로 희석되어도 반응이 나타납니다. 따라서 눈으로 보이지 않는 핏자국이나 심지어 빨래가 끝난 옷에 남아 있는 미량의 혈액도 찾아낼 수 있어 범죄 수사에 매우 유용하게 활용되고 있지요. 그런데 루미놀이 반드시 혈액에서만 반응하는 것은 아닙니다. 루미놀 산화 반응을 촉매할 수 있는 물질이라면 무엇이든, 예컨대 금속의 녹이나 일부 채소즙, 과일즙 등의 물질이라면 형광 빛을 낼 수 있기 때문에, 이 자체로 혈흔이라고 확정할 수는 없지요.

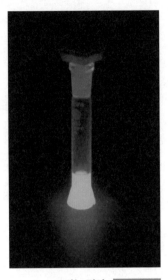

루미놀 검사

검은색 바탕에 형광을 발하는 푸른 빛이 보이죠. 그냥 보면 어둠 속 네온 사인 같지만 이것은 루미놀 검사의 용례입니다.

좀 더 확실한 결과를 원한다면 유전자 검사를 실시해야 합니다. 범죄 현장에 떨어진 머리카락을 비롯한 체모體毛, 혈액, 정액, 침, 상피세포 등에서 세포를 분리해 유전자를 검사할 수 있습니다. 인간의 유전자는 개인마다 특정한 염기 서열을 갖고 있기 때문에 다른 말로 유전자 지문이라고 부를 정도입니다. 유전자는 생명체를 만드는 설계도라고 할 수 있습니다. 저마다 모양이 다른 집은 서로 다른 설계도로 지어진 것처럼, 인간의 유전자도 개인에 따라 조금씩 다르게 나타납니다.

사실 인간의 유전자를 분석하는 일은 쉽지 않습니다. 인간의 게놈을 이루는 DNA는 약 30억 쌍, 이 수많은 DNA를 처음부터 끝까지 비교하는 일은 얼핏 생각해도 쉽지 않습니다. 따라서 범인 식별이나 미아의 친자 확인을 위해 유전자를 검사하는 경우, 인간의 염색체 전체를 분석하는 것이 아니라 유난히 변이가 심해서 개개인마다 서로 다른 염기 서열을 갖는 부위만 집중 공략하는 방법을 이용합니다. 이 부위는 일란성 쌍둥이를 제외하고는 모든 사람이 서로 다르기 때문에, 이를 일컬어 '유전자 지문DNA fingerprinting'이라고 하지요. 마치 우리가 지문을 비교할 때 손바닥 전체를 비교하는 것이 아니라, 한 손가락의 지문만 비교해도 충분히 구별할 수 있는 것처럼 유전자 지문도 모든 DNA를 비교 분석하는 것이 아니라, 그중 특징적인 일부만 보는 것입니다. 이런 DNA 부위는 위치에 따라 STRshort tandem repeat, VNTRvariable number of tandem repeat, SNPsingle nucleotide polymorphism 등이 있습니다.

유전자 검사에서는 대개 검사 대상의 DNA 중 STR을 10여 군데 뽑아 비교 분석하는데, 이 경우 서로 다른 사람의 유전자 지문이 우연히 일치할 확률은 400억 분의 1입니다. 현재 지구상의 인구는 80억 명을 약간 웃도니 우연히 유전자 지문이 일치할 확률은 거의 제로에 가깝지요. 흉기에 달라붙었던 머리카락의 모근에서 유전자를 추출해 용의자의 유전자와 비교했을 때, 그 결과가 같다면 이제는 빠져나갈 구멍이 없습니다.

법과학, 사물은 말한다

아무 죄도 없이 끔찍한 범죄의 희생양이 된 피해자들을 보면 분노
가 끓어오릅니다. 어떻게든 범인을 잡아 응징해야 한다고 생각하죠.
피해자가 범인에 관한 단서를 제공할 수 없다면 하다못해 범죄 현장
에 남겨진 사물에라도 당시의 기억이 남아 있길 바라는 마음이 간절
할 겁니다. 현장에 있던 사물에는 당시의 기억이 남아 있습니다. 하
지만 그것은 녹음기나 카메라처럼 기록 매체에 남은 형태가 아니므
로, 이를 읽어내기 위해서는 특
별한 기술이 필요합니다.

예전에 우리는 사물에 담긴
기억을 읽어내는 방법을 몰랐습
니다. 그래서 사이코메트리라는
방법까지 동원하고 싶었는지 모
릅니다. 하지만 현대의 과학기술
은 우리에게 능력을 선사했습니
다. 사물에 손을 대고 그것이 무
엇을 보았는지 직접 물어보지 않

하나뿐인 지문
1823년 체코의 생리학자 푸르키네는 지문
을 아홉 가지 형태로 나누어 분석했습니다.
태아 때 형성된 지문은 평생 변하지 않고 누
구도 같지 않기 때문에 개인 식별의 중요한
요소가 되었습니다.

고, 각종 증거를 수집해 분석하고 추론해 과거를 재구성합니다. 루미놀로 지워진 핏자국을 확인하고, 인체의 모든 조각과 분비물에서 유전자를 검출하고, 눈에 보이지 않는 지문과 발자국을 찾아내는 과정에서 현대과학의 모든 분야가 총동원됩니다. 이들이 찾아낸 기억의 조각을 하나하나 맞춰 과거를 재구성할 때, 조각이 많다면 더 확실하고 정확한 과거를 추론할 수 있을 테지요. 영문도 모르고 짓밟힌 피해자의 인권을 조금이나마 회복시켜줄 길이 열릴 것입니다. 조선 세종 시대에 만들어졌던 시체 검안과 검험 판례서인『신주무원록』에는 살인 혹은 살인이 의심되는 시신이 발견되는 경우, 해당 지역의 지방관과 인근 지역의 치방관이 현장을 찾아 각각 별개로 초검(1차 검험)과 복검(2차 검험)을 실시하고, 둘의 의견이 일치하는지를 살폈습니다. 둘의 의견이 일치하지 않거나, 혹은 일치해도 미심쩍은 부분이 있다면 반드시 중앙의 형조에서 관리가 파견되어 삼검(3차 검험)을 해야 한다고 명시하고 있습니다. 이들이 이렇게 철저히 검험 과정에 대한 규정을 만든 것은 책의 제목에 언급한 것처럼 '억울함(원, 怨)이 없도록(무, 無)' 하는 마음이 담겨 있기 때문입니다. 그 마음은 예나 지금이나 변함이 없습니다. 법과학의 존재 이유, 발전 이유는 바로 여기에 있습니다.

DNA를 증폭하다 - PCR

한 때 PCR이란 단어는 생물학 전공자들만 아는 전문용어였지만, 이제 전국민이 모두 아는 일반명사가 되었습니다. 바로 2020년부터 본격화된 코로나-19 팬데믹의 여파였지요. 당시에 코로나-19에 걸린 것을 확진하는 검사가 바로 PCR 방법을 이용한 것이었기에 전국민이 한번쯤은 PCR 검사를 받았더랬습니다. 그런데 이 PCR이란 게 정확히 뭘까요?

PCR이란 polymerase chain reaction의 약자로, 우리말로는 중합효소연쇄반응이라고 번역되기도 합니다. DNA를 합성하는 효소^{Polymerase}를 이용해, DNA를 복제하는 과정을 연쇄적으로 일으켜 단시간에 DNA를 엄청나게 증폭시키는 방법을 말합니다. 사람을 구성하는 세포의 핵 속에는 두 줄의 DNA 사슬이 이중나선의 형태로 꼬여 있습니다. 이 사슬 하나의 질량은 약 3.3pg(피코그램)이므로, 사람 세포 1개 당 들어 있는 DNA의 질량은 약 6.6pg입니다. 그런데 보통 DNA를 이용한 검사를 위해서는 DNA가 적어도 수십 ng(나노그램)은 필요합니다. 사실 많으면 많을수록 좋아요. 1ng은 1,000pg임을 감안한다면, 안정적으로 DNA 검사를 하기 위해서는 최소한 DNA가 든 세포가 적어도 수천 개~수만개가 필요하다는 뜻입니다. 그러제 1980년대 이전까지는 샘플을 채취할 때도 충분한 양을 채취해야 했고, 범죄 현장에 떨어진 미세한 핏방울이나 오래된 화석에서 추출한 샘플처럼 DNA를 함유한 세포의 수가 아주 적을 때에는 이를 통해 유전자 검사를 하는 것이 무척이나 어려웠습니다. 그런데 1983년, 미국의 생화학자 캐리 멀리스$^{Carry\ Mullis,\ 1944\sim}$가 PCR 검사법을 개발해 아주 적은 양의 DNA를 단시간에 증폭시키는 것을 가능하게 만들었습니다.

PCR의 원리는 간단합니다. 분리^{denaturing} – 결합^{annealing} –합성^{Extension}의 3단계가 반복되는 구조입니다. 이 때 중요한 것은 정확한 온도를 유지하는 것입니다. 보통 DNA는 두 줄의 사슬이 이중나선 구조로 단단하게 붙어 있기 때문에, 이를 복제하기 위해서는 이중나선의 가운데를 끊어 단일 사슬 형태로 나누어야 합니다. 이중나선을 풀어내는 방법 중 하나가 온도를 높이는 것입니다. DNA를 95℃ 정도로 가열하면, DNA의 이중나선 구조가 풀어지며 단일 사슬 형태가 됩니다Denaturing. 이렇게 풀어진 DNA를 55℃ 정도로 낮추고 프라이머(복제 시작점을 지정하는 단백질)를 넣어주면, 프라이머가 각각의 DNA 사슬에 달라붙어 복제를 시작할 준비를 합니다Annealing. 그리고 다시 온도를 72℃ 정도로 높여준 뒤, DNA를 합성할 재료물질과 DNA 중합효소를 넣어주면 이들이 DNA를 복제합니다. 복제가 완료되면 다시 온도를 높여 이 사이클을 반복하면 되는

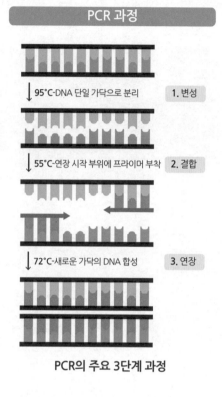

PCR의 주요 3단계 과정

데, 매 사이클마다 DNA는 2배로 늘어나니, 이 방법을 사용하면 시료가 아주 적어도 얼마든지 충분한 양의 DNA를 확보할 수 있다는 장점이 있습니다. 처음에는 사람이 일일이 온도 조절하고 그때마다 필요물질을 넣어주는 수고를 해야 했지만, 지금은 모두가 자동화되어 기계 안에 넣어두고 기다리기만 하면 되지요.

PCR 기술은 원하는 부위의 DNA를 정확하고 빠르게 충분히 늘려주기 때문에, 유전자를 대상으로 하는 모든 연구의 발전에 지대한 공헌을 했습니다. PCR이 개발된 이후 유전학과 고고학, 법의학 분야의 발전 속도가 놀라울 정도로 빨라진 것이 그 증거이지요. 그리고 이 방법을 개발한 캐리 멀리스는 1993년 노벨생리의학상의 수상자가 되었지요.

06

피는 정말
신성한 것일까?

혈액형과 피에 대한 이야기

기질이나 재능, 운세나 궁합 같은 것과
연결시키려고 혈액형을 구분했을까요?
'과학'이라는 말에 상표권이 있다면 아무 데나
자신의 이름을 도용하지 말라고 소송을 걸 겁니다.

...

제 아이들은 쌍둥이입니다. 흔히 생각하는 똑 닮은 일란성 쌍둥이가 아니라 서로 유전자형이 다른 이란성 쌍둥이입니다. 아무리 그래도 그렇지 어찌나 다른지 태어난 날만 같을 뿐 성별도, 체질도, 성격도, 체형도 다르고 심지어 혈액형까지 다릅니다. 어느 날 딸아이가 물었습니다. 오빠와 쌍둥이 남자 형제는 혈액형이 같고 자기만 다른 게 여자여서 그러냐는 것이었습니다. 자기는 '여자' 혈액형을 갖고 태어났냐고 하면서 말이죠. 꽤 귀여운 질문에 답해주려고 저는 혈액형에 관해 좀 더 자세히 설명해주어야 했습니다.

피, 너의 정체를 밝혀라

원시인들도 상처를 입어서 피를 많이 흘리면 죽는다는 사실을 알고 있었습니다. 피는 예로부터 생명을 유지시키는 귀한 액체라는 이미지 때문에, 신성시되기도 하고 때로는 터부시되기도 했던 체액이지요.

우리 몸에서 피가 일정량 이상 빠져나가면 생명에 지장을 줄 수 있습니다. 보통 피의 양은 전체 몸무게의 1/13 정도인데, 이 중 1/4~1/3 이상을 잃으면 치명적이라고 알려져 있습니다. 만약 체중이 65kg이라면 전체 혈액은 약 5kg 정도 될 테고, 이중 1/4 이상이니 대략 1.5리터 페트병 하나 정도 이상의 피를 잃으면 목숨이 위험해지는 셈이죠. 피를 많이 흘리면 왜 위험할까요? 과다 출혈로 사망하는 것은 몸의 기가 빠져나가거나 생기가 고갈되어서가 아닙니다. 바로 질식 때문인데요. 피를 흘린다고 질식으로 죽는다는 게 의외죠? 목이 졸린 것도 아닌데 말이에요. 여기서 말하는 질식이란 '세포 내 질식'을 뜻한다고 할 수 있습니다.

혈액은 크게 네 가지 성분으로 나뉘는데, 이 중 적혈구는 산소 운반에 매우 중요한 역할을 합니다. 사람의 적혈구는 핵이 없어 가운데가 폭 들어간 원반 형태로 생겼습니다. 마치 구멍이 뚫리다 만 도넛 같은 모양이죠. 원래 적혈구는 만들어질 당시에는 핵이 있지만 성숙하면 핵이 떨어져 나가서 그 자리가 폭 패입니다. 인간의 경우, 성숙한 적혈구에서 핵이 떨어져 나가는 것은 매우 중요합니다.

왜 중요한지는 나중에 태아적혈모구증erythroblastosis fetalis과 연관시켜 자세히 이야기하지요. 이에 앞서 적혈구에 관해 좀 더 설명해보겠습니다. 적혈구는 헤모글로빈이라는 일종의 색소를 가지고 있고 이

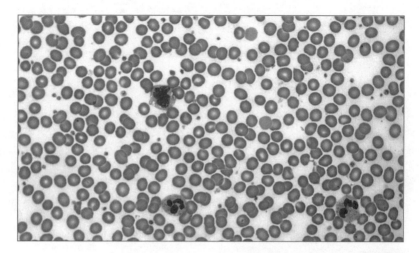

현미경으로 관찰한 혈액

현미경으로 본 사람의 혈액 사진, 분홍색으로 보이는 것이 적혈구, 보라색으로 염색된 것이 백혈구(내부의 진한 보라색 염색 모양이 다른 것은 백혈구의 종류가 다르기 때문입니다. 백혈구는 수십가지 종류가 있습니다), 적혈구 사이사이 작은 점처럼 보이는 것이 혈소판입니다. 출처:위키피디아

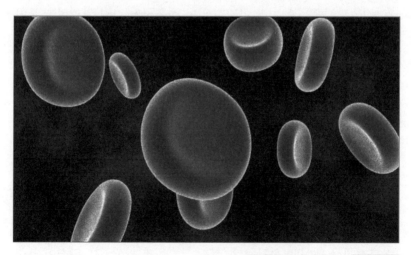

핏속을 떠다니는 적혈구

혈관 속 적혈구의 모습입니다. 가운데가 푹 들어간 원반 모양이네요.

헤모글로빈은 중심에 철^{Fe} 분자를 함유하고 있습니다. 이 철 분자를 품은 헤모글로빈은 산소와 결합해 몸 구석구석에 산소를 전달해주는 역할을 합니다. 과다 출혈이 일어나 피를 많이 흘리면 이 기능이 떨어지겠지요. 몸 구석구석의 세포들이 산소를 받지 못하면 세포 속에 들어 있는 에너지 공장인 미토콘드리아가 제 기능을 못하게 됩니다. 미토콘드리아에서 일어나는 에너지 생성 반응에는 산소가 꼭 필요하거든요. 따라서 세포들은 산소가 부족해지면 에너지를 만들 수 없고, 에너지가 고갈된 세포는 서서히 죽어갑니다. 이것이 바로 '세포 내 질식'입니다. 세포 한두 개쯤이야 질식해도 상관없지만 이 과정이 합쳐지면 결국 생명까지 위태로워집니다.

그렇다면 태아적혈모구증은 뭘까요? 생물 시간에 자주 등장하는 태아적혈모구증은 핵이 떨어지지 않은 적혈구가 가진 위험성을 보여줍니다. 태아적혈모구증은 Rh- 혈액형인 여성이 Rh+ 혈액형인 아기를 임신하는 경우에 나타납니다. 엄마의 면역계가 자신과 다른 아기의 혈액형을 외부의 병균이나 바이러스로 인식하고는, 항체를 만들어 태아의 적혈구를 파괴시킵니다. 이 때문에 태아에게서 핵이 아직 떨어지지 않은 미성숙한 적혈구가 증가해 결국 유산하거나 사산하게 되지요.

적혈구는 처음에 골수에서 생성될 때는 핵이 있지만, 이후 성숙하는 과정에서 핵이 퇴화됩니다. 정확한 이유에 관해서는 의견이 분분합니다. 그중 적혈구는 다른 세포와는 달리 분열하지 않고 산소 운반

작용만 하기 때문에 핵이 굳이 필요 없다는 의견이 있습니다. 핵이 떨어지면서 가운데가 움푹 들어가게 되어 헤모글로빈이 산소와 더 잘 결합할 수 있는 구조적인 장점이 이유가 될 수 있습니다. 하지만 닭이나 비둘기 같은 조류의 적혈구에는 핵이 존재하므로 반드시 핵이 없어져야

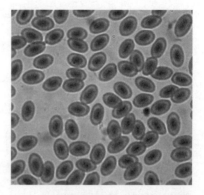

닭의 혈액 현미경 사진
분홍색 적혈구 내부에 진하게 염색된 핵이 보인다. 출처:위키피디아

하는 당위성은 없다고 생각합니다. 진화 중에 우연히 일어난 돌연변이가 생존에 악영향을 미치지 않아 그냥 고착되었다고 보면 됩니다. 참, 적혈구는 핵이 없기 때문에 혈액을 통해 유전자를 분석하는 경우에는 적혈구가 아니라 백혈구를 사용한답니다. 핵이 없으면 그 속에 DNA도 들어 있지 않으니까요.

적혈구에 이름표 붙이기

이처럼 적혈구 이야기를 장황하게 늘어놓는 것은 적혈구가 혈액형을 결정하는 데 중요한 역할을 하기 때문입니다. 사람이 피를 많이 흘리면 죽는다는 사실은 오래전부터 알고 있었습니다. 외부에서 피

를 넣어주면 살릴 수 있을 거라는 추측도 그만큼 오래전부터 해왔고요. 그래서 처음에는 피를 많이 흘린 사람에게 동물의 피를 넣어봤습니다. 결과는? 물론 다 죽었지요. 이 실험은 1667년 최초로 시도되었는데 환자는 결국 사망하고 말았습니다. 그래서 사람의 피를 넣어보기도 했습니다. 1818년, 영국의 산부인과 의사 제임스 블런델^{James Blundell, 1790~1878}이 출산 후 심한 출혈로 죽어가던 산모에게 남편의 혈액을 주입해 살렸다는 기록은 있지만, 이후 같은 방법을 다른 산모나 출혈이 심한 환자에게 시도했을 때는 대부분 실패했습니다. 실제로 과다 출혈로 죽어가는 사람에게 수혈해 예후가 나쁜 적이 더 많았기 때문에 이 방법은 널리 쓰이지 못했습니다. 심지어 수혈 자체를 아예 금지하기도 했습니다.

오랜 세월 이렇게 정체를 알 수 없었던 피의 신비는 20세기에 와서야 밝혀졌습니다. 어떤 사람의 피를 다른 사람의 피와 섞을 때 굳는 경우와 굳지 않는 경우가 무작위로 나타나지 않고, 어떤 법칙에 따라 일어난다는 것을 깨달았습니다. 즉, 겉보기에는 모두 붉은 피지만 서로 종류가 다르다는 사실을 깨달은 것이죠. 드디어 1900년, 란트슈타이너^{Karl Landsteiner, 1868~1943}가 사람의 적혈구에 A, B 두 가지 항원이 있고 혈장 속에 이에 대응하는 항응집소가 있다는 사실을 밝혀서, 이를 A형, B형, AB형, O형 네 가지 유형으로 나누었답니다. 이게 바로 우리가 흔히 말하는 ABO 혈액형의 시초입니다.

우리는 보통 네 종류의 혈액형을 갖습니다. 항상 대문자로 표기하

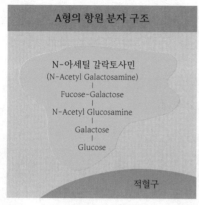

A형의 항원 분자 구조

N-아세틸 갈락토사민
(N-Acetyl Galactosamine)
|
Fucose-Galactose
|
N-Acetyl Glucosamine
|
Galactose
|
Glucose

적혈구

B형의 항원 분자 구조

갈락토오스
(Galactose)
|
Fucose-Galactose
|
N-Acetyl Glucosamine
|
Galactose
|
Glucose

적혈구

A·B형 항원의 분자 구조 비교
그림처럼 A형 항원과 B형 항원은 비슷한 구조를 보이고 있습니다. 다만 A형 항원이 맨 끝부분에 N-아세틸 갈락토사민을 가진 반면, B형 항원은 갈락토오스를 가진 것이 차이라고 할 수 있지요.

죠. 이것은 체내의 혈액 중 적혈구 표면에 붙어 있는 당단백질의 종류에 따른 것으로 적혈구에 붙은 일종의 이름표라고 생각하면 됩니다. 그런데 가만히 보면 혈액형은 네 가지인데, 이름표는 A, B 두 가지뿐입니다. 대신 적혈구는 이름표를 두 개까지 가질 수 있기 때문에 네 가지 혈액형이 가능한 것이죠. 즉, AA 또는 A라는 이름표를 가지면 A형, BB 또는 B라는 이름표를 가지면 B형, 이름표를 하나도 안 가지고 있으면 O형, A와 B를 하나씩 가지고 있으면 AB형이지요. 이렇게 적혈구에 존재하는 표지를 '응집원'이라고 해요.

혈장 속에는 다른 응집원과 만나면 굳히는 물질이 존재합니다. 따라서 A형 혈액을 가진 사람의 혈장 속에는 B형 혈액과 결합하면 피를 굳혀버리는 β라는 물질을 가지고 있습니다. 이것을 '응집소'라 합니다. 따라서 A형 혈액을 가진 사람은 A 응집원과 β 응집소를 가지고, B형이라면 B 응집원과 α 응집소를 가집니다. 그럼 O형과 AB형은요? O형은 응집원이 없고 α, β 응집소를 모두 가지며, AB형은 A, B 두 개의 응집원을 가지지만 응집소가 없어요.

수혈할 때는 같은 혈액형끼리는 피를 주고받을 수 있습니다. AB형은 모두에게 받을 수 있고 같은 AB형에게만 줄 수 있습니다. 반면, O형은 같은 O형에게서만 수혈을 받을 수 있고 모든 혈액형에게 수혈을 할 수 있습니다.

이는 위에서 말한 응집원과 응집소 때문이에요. 응집원은 거기에

	항B혈청 (β 함유)	항A혈청 (α 함유)	
A형	−	+	응집소 α에만 응집하므로 응집원 A만 가진 피
B형	+	−	응집소 β에만 응집하므로 응집원 B만 가진 피
AB형	+	+	응집소 α와 β에 다 응집하므로 응집원 A와 B를 가진 피
O형	−	−	응집소 α와 β에 다 응집 안 되는, 즉 응집원이 없는 피
	(+응집함)	(−응집 안 함)	

ABO식 혈액형 판정 ▬▬

맞는 응집소를 만나지 않으면 반응하지 않습니다. 따라서 응집소가 없는 AB형은 누구에게서나 수혈을 받을 수 있지만, 응집소 두 개를 모두 가진 O형은 같은 O형끼리만 수혈을 받아야 합니다. 그래서 병원에서는 출혈이 심한 응급 환자가 실려 오면 일단 Rh- O형의 피를 수혈합니다. 혈액형을 검사하기 전에 수혈해도 가장 부작용이 적은 유형이기 때문이죠.

이 밖에도 적혈구에는 400가지 이상의 항원이 존재합니다. 이들이 문제가 되지 않는 것은 대부분 면역 자극이 약하기 때문입니다. 하지만 이 중 20여 개는 수혈 시에 문제를 일으킬 수 있기 때문에 따로 분류되어 있습니다. 대표적인 것이 Rh+/-혈액형군, Lewis혈액형군, Li혈액형군, P혈액형군, MNSs혈액형군, Kell혈액형군, Duffy혈액형군, Kidd혈액형군 등입니다. 그 외에도 적혈구뿐 아니라 백혈구와 혈소판도 혈액형을 가지고 있답니다.

과학, 상표권 침해 소송을 내다

어쨌든 혈액형이 다르다는 것은, 엄밀하게 말하자면 내 적혈구에 어떤 종류의 당단백질이 붙어 있느냐는 것입니다. 단지 내 적혈구 위에 어떤 당단백질이 있는지 없는지에 따라 성격이나 운명이 바뀐다는 것은 어째 너무 비약이 심하다는 생각이 들지 않나요?

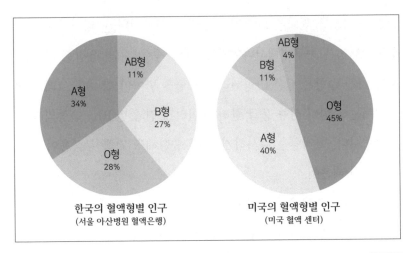

한국인과 미국인 혈액형별 인구 비교 ▬▬▬

물론 혈액형뿐만이 아니라 별자리, 띠, 탄생석 등으로 오늘의 운세를 보거나 궁합을 맞춰보는 것은 우리 사회에 널리 퍼져 있고 저도 재미 삼아 몇 번 해보기도 했답니다. 그러나 이런 건 농담처럼 가볍게 받아들이는 선에서 그쳐야지, 너무 심취해 모든 걸 선입견을 가지고 대하는 건 경계해야 합니다. 원래 분류라는 것은 복잡하게 얽혀 있는 것들의 특성을 파악해 뚜렷한 특징과 판단 기준에 따라 나눠서 좀 더 일목요연하게 파악하도록 돕는 것이 목적입니다. 그런데 이런 목적을 위한 분류가 아닌, 기존에 나누어진 분류에 사실들을 끼워 맞추는 모습이 보이곤 합니다.

혈액형을 분류한 원래 목적은 서로 혈액형이 같은 사람과 다른 사람을 나누어, 위급할 때 수혈해 목숨을 살리고 다른 면역 체계를 가진 사람들의 혈액이 섞이는 위험을 막는 것이었습니다. 그런데 일반 사회에서는 성격, 운세, 기질 등과 섞이면서 의도와는 다른 방향으로 활용되고 있지요.

제가 주변 사람들에게 혈액형에 관해 이야기를 해보니 의외로 많은 사람이 혈액형에 집착하고 있었습니다. "내가 그런 걸 믿지는 않지만 그래도 혈액형 분류는 꽤나 잘 맞더라고"라던가 "그것도 통계 분석이니 빅 데이터의 일종인 것 같아"라고 답하는 사람들도 있었거든요. 아니, 그 사람에게서 수혈을 받을 것도 아니면서 왜 혈액형으로 고민할까요. 혈액형은 단순히 내 적혈구 위에 존재하는 당단백질의 존재 유무일 따름입니다. 혈액을 수혈받거나 가계도를 그릴 때를 제외하고는 별달리 구분할 필요가 없습니다. 우리는 오랫동안 혈액형을 모른 채 잘 살아왔는데, 겨우 100여 년 전에 밝혀진 적혈구 위의 작은 당단백질이 인간에게 큰 영향을 미칠 것이라는 생각은 들지 않거든요.

란트슈타이너는 과학적인 활동을 목적으로 혈액형을 분류했습니다. 기질이나 재능, 운세나 궁합 같은 것과 연결시키려고 혈액형을 구분했을까요? 어떻게든 안전하게 수혈할 수 있는 법칙을 발견해 더 많은 환자를 살리고자 했을 뿐입니다. '과학'이라는 말에 상표권이 있다면 아무 데나 자신의 이름을 도용하지 말라고 소송을 걸 겁니다.

O형은 코로나-19에 제일 안 걸린다?

2020년부터 3년간 전세계 최대 이슈는 단연 코로나-19 바이러스였습니다. 그런데 주로 호흡기를 통해 감염되는 코로나 바이러스가 혈액형과 관련 있을지도 모른다는 조사 보고가 나와 많은 이의 관심을 끌었습니다. 'MEdRxiv'라는 사전 논문 사이트(정식으로 논문을 게재하기 전 동료들의 평가 및 의견을 듣는 일종의 논문 사전 리뷰 사이트)에 2020년 3월 올라온 한 편의 조사 결과였습니다. 바로 ABO 혈액형 타입에 따라 코로나-19 바이러스에 대한 감수성이 다를 수 있다는 것이었죠.

중국 연구진이 발표한 이 연구에 따르면, 최초의 코로나-19 바이러스 발원지로 알려진 중국 우한에서 확진자들의 혈액형을 조사했더니 이 지역의 인구 분포와는 다른 패턴을 보였다고 합니다. 즉, 이 지역 주민들의 혈액형 분포는 A형 32%, O형 34%로 O형이 약간 더 많은 데 비해, 확진자의 비율은 A형 38%, O형 26%이고, 사망자는 A형 41%, O형 25%로 A형이 10% 이상 높게 나타나는 패턴을 확인했습니다. 전체 혈액형 분포를 보면 A형과 O형의 비율이 비슷하니 확진자 및 사망자의 혈액형 분포도 비슷해야 하는데, 유의미해 보이는 차이가 나타나니 이상하다는 것이지요.

당시 이 연구는 통계적 분석 연구치고 조사 대상자가 적어 그다지 큰 의미는 없다고 생각되었습니다. 그런데 최근 미국의 생명공학 회사 '23andMe'가 미국인 75만 명을 대상으로 항체를 검사한 결과, O형 혈액형을 가지면 코로나-19 양성 판정을 받을 확률이 다른 혈액형에 비해 9~18% 낮다는 결과를 발표해 다시 눈길을 끌게 되었지요. 이 소식이 알려지자 인터넷 댓글 창에는 O형이라 안심된다느니 A형이라 불안하다느니 하는 글이 넘쳐났습니다. 과연 O형은 코로나-19에 제일 안 걸린다는 말이 맞을까요?

1900년 오스트리아의 란트슈타이너가 ABO식 혈액형의 존재를 밝힌 후, 이러한 차이가 왜 나타나는지에 관한 연구도 뒤따랐습니다. 가장 강력한 가설은 혈액형의 다양성이 인류 집단 전체의 생존 가능성을 높여준다는 것이었습니다. 여러 연구 결과, 각종 질병 및 치명적 손상은 혈액형별로 차이가 있다는 사실이 보고되었습니다. 일례로 적혈구에 응집원이 없는 O형은 다른 혈액형에 비해 혈액 응고 능력이 떨어지는 편이고, 적혈구에 응집원이 두 개나 있는 AB형은 혈액 응고 능력이 좋습니다. 그

혈관 속을 이동하는 코로나-19 바이러스

래서 O형은 외상을 입었을 때 대량 출혈로 위험해질 가능성이 더 높고, 산후 출혈로 사망할 확률도 더 높으며, 위궤양도 흔하게 발생합니다. 반면 혈액 응고율이 낮아 뇌혈관 질환이나 치매에 걸릴 확률이 다른 혈액형에 비해 낮습니다. 반대로 AB형은 혈액 응고가 잘 일어나기 때문에 대량 출혈의 위험은 조금 낮지만 대신 혈전이 잘 생성되어 뇌혈관 질환이나 치매의 발병률이 높은 경향이 있습니다.

이처럼 혈액형은 특정 질병 때문에 인류가 멸종하는 것을 막아주는 면역학적 다양성을 바탕으로 진화되었다고 합니다.

2023년에 저널 「Blood」에 발표된 미국 의료진은 코로나-19 바이러스의 스파이크 단백질이 A형 적혈구에 결합하는 단백질인 갈렉틴과 구조적으로 매우 유사하다는 것을 밝혀냈습니다. 이로 인해 A형은 다른 혈액형, 특히나 O형에 비해 25~50% 정도 감염 위험이 높을 수 있음을 지적했지요. 하지만 이것이 코로나에 대한 완벽한 위험 혹은 안전을 의미하는 것은 아닙니다. 발이 빠른 사람은 장애물을 피하면서 달리기를 할 때 발이 느린 사람보다 넘어질 확률이 조금 낮을 수 있지만, 장애물에 주의를 기울이지 않으면 누구나 넘어질 것입니다. 마찬가지로 어떤 질병에 덜 걸리는 체질을 운 좋게 타고났더라도, 질병의 원인에 자주 노출되거나 주의를 기울이지 않으면 결과는 마찬가지입니다. 발이 좀 느리더라도 장애물 하나하나 신중하게 넘어가면 오히려 더 안전하게 구간을 통과할 수 있습니다.

07

금은 정말
만들어질 수
있는가?

과학이 밝혀낸 연금술, 핵과학

연금술은 원래의 목적을 이루지는 못했지만,

그 결과물은 근대 화학의 모태가 되었습니다.

또 20세기 들어서는 가장 위험하고도 매력적인 분야인

핵물리학으로 이어지고 있답니다.

나원소설과 철학자의 돌

올림픽경기가 열리면 전 세계인은 하나가 되어 TV 앞에 모여앉아 각국 선수들을 응원합니다. 치열한 경합 끝에 등장한 우승자는 자랑스러운 얼굴로 시상대 중앙에 올라가 반짝이는 금메달을 겁니다. 아깝게 2위나 3위를 차지한 선수에게는 각각 은메달과 동메달이 돌아갑니다. 이렇듯 금은 최고의 승자에게만 주어지는 귀한 물건이었습니다. 금은 거의 유일하게 세월의 흐름을 비껴간 듯합니다. 은이나 구리 같은 금속은 시간이 지나면 색이 바래고 심지어 녹슬어 바스라지기도 하지만, 금만큼은 언제나 영롱한 빛을 유지하지요.

오래전부터 금은 왕과 귀족의 전유물이었지요. 반짝이는 황금빛은 사람을 강하게 유혹했습니다. 점점 더 많은 금을 갖고 싶다는 욕망에 휩싸이게 만들었습니다. 그래서 탄생한 기술이 '연금술'이랍니다. 연금술^{鍊金術, alchemy}은 말 그대로 금을 제조하는 기술입니다. 영어

연금술의 상징

심리학자 칼 융은 심볼리즘^{symbolism}이 전형적인 연금술의 표현 형식이라고
지적했습니다. 이 심볼리즘은 심리적으로 호소하는 것인데요. 이로써 연금
술이라는 실험에도 신비적 성격이 많이 부여됐답니다.

alchemy는 아랍어의 alkimia에서 유래한 단어로, 정관사 al- 뒤에 금속의 주조를 뜻하는 그리스어 khyma를 합성한 말이라고 알려져 있습니다. 원래 연금술은 기원전부터 중국과 인도에서 시작되었고, 동양에서 시작한 연금술은 이후 알렉산드리아로 넘어갔습니다. 여기서 발달한 연금술 지식은 642년 아랍의 침공으로 다시 중동아시아로 전파되었다가, 12세기 십자군전쟁 때 유럽에 도입되어 17세기까지 지식인들을 깊이 사로잡았습니다.

연금술은 학문이라기보다는 주술呪術에 가깝습니다. 대표적인 오컬티즘occultism이자 유사 과학이지요. 연금술은 동서양에서 두 가지 목적을 가지고 행해졌습니다. 첫 번째 목적은 서양에서 비금속卑金屬인 납, 구리 등을 귀금속, 특히 금金으로 변환하는 것이었습니다. 두 번째 목적은 동양에서 만병통치의 기능을 가진 불로장생약을 만드는 것이었습니다. 여기서는 주로 금을 만드는 연금술에 관해 이야기해보기로 하겠습니다.

흔하디흔한 금속으로 금이나 불로장생약을 만들겠다는 터무니없는 욕망은 당시 사람들이 믿고 있던 세계관에 기초합니다. 연금술의 이론적 바탕은 고대 그리스의 철학자 아리스토텔레스가 주장한 원소변환설입니다. 고대 그리스의 학자 엠페도클레스는 세계는 네 가지의 기본 원소(불, 물, 흙, 공기)로 이루어져 있다고 주장했습니다. 아리스토텔레스는 한술 더 떠서 세상 모든 존재는 이 원소들 각각의 특성인 뜨거움, 차가움, 축축함, 건조함의 성질을 지니고, 이들의 성분 비율을 바꾸면 한 물질을 전혀 다른 물질로 변화시킬 수 있다고 주장합니다. 아리스토텔레스를 비롯한 유명 철학자들이 지지한 '4원소설'은 진리로 여겨져 그대로 후세에 전해졌고, 상당 기간 많은 사람이 물체의 조합 비율에 따라 세상 모든 것이 존재한다고 믿었습니다. 따라서 세상 만물을 구성하는 4원소의 비율만 알면 모든 것을 만들어낼 수 있고, 금도 그 비율만 알면 인공적으로 만들 수 있다고 믿었던 것입니다. 재미있게도 고전물리학의 아버지인 아이작 뉴턴조차도 말년에는 연금술에 심취해 많은 유고를 남긴 바 있습니다. 뉴턴이 죽고 나서 그를 추종하던 학자들이 그가 남긴 연금술 기록을 발견하고는 얼마나 당황했을지 눈에 보이듯 훤합니다.

그렇다면 왜 하필 금이 연금술의 최종 목표가 되었을까요? 금은 독특한 특징을 갖습니다. 대부분의 금속은 오래 놓아두면 공기 중 산소와 산화 반응을 일으켜 빛깔이 변하고 바스러집니다. 쉽게 말해 녹슬어버립니다. 하지만 금은 아무리 오래 놓아두어도 녹스는 법 없이 아름다운 광택이 유지됩니다. 게다가 금속임에도 불구하고 기름종이보다 더 얇게, 명주실보다 더 가느다랗게 만들 수 있어 사람들은 금을 순수함과 고귀함의 결정체로 생각했습니다. 그리고 실제로 금은 매우 귀한 물질이기도 합니다. 금의 매장량은 적습니다. 지금까지 인류가 캐낸 금의 양은 약 19만 톤이며 추정 매장량은 약 30만 톤입니다. 석탄의 매장량이 약 9,000억 톤인 데 비하면 금은 그 자체로 귀한 물질이죠. 양이 적어 귀한 데다가 아름답기까지 하면 자연히 값이 비싸지게 마련입니다. 금이야말로 금속 중의 금속이고 가장 고귀한 존재로 여겨졌으니 당연히 이를 얻기 위해 노력을 다한 것이죠.

연금술사들은 인공적인 금을 만들기 위해 다양한 실험을 수행했고, 몇몇 경우는 실제로 금과 비슷한 물질이 생겨나기도 했습니다. 구리에 약간의 비소를 섞어 만든 합금은 반짝이는 금빛을 띱니다. 현재 금색 페인트의 원료로 쓰이는 황화주석도 이때 만들어진 것으로 알려져 있습니다. 그러나 모두 금과 비슷한 광택을 지닌 물질일 뿐, 진짜 금을 만들어내는 데 성공한 사람은 아무도 없습니다.

오랫동안 수많은 사람이 나름대로 분석한 4원소의 비율을 아무리 바꿔보아도 금은 만들어지지 않았습니다. 사람들은 금이 워낙 귀하므로 금을 만들려면 기본적인 4원소뿐만 아니라 변화를 일으키는 기적의 촉매제가 필요하다고 결론 내렸습니다(처음에 잘못 시작된 사상이 어디까지 잘못될 수 있는지 여실히 보여주는 과정입니다).

어쨌든 사람들은 아직 발견하지도 못한—아니, 존재조차 확인되지 않은—그 신비한 물질에 '철학자의 돌Philosopher's stone'이라는 이름을 붙이고는 이 기적의 촉

'철학자의 돌'을 찾는 연금술사
연금술사들은 금을 만드는 데 필요한 기적의 촉매제인 '철학자의 돌'을 찾았습니다. 해리 포터 시리즈의 첫 번째 권 제목도 국내에서는 '마법사의 돌'로 번역되어 있지만 사실 'Philosopher's stone'입니다.

매제를 찾는 일에 매달렸습니다. 'Philosopher's stone'은 해리 포터 시리즈의 첫 번째 권의 제목으로 더 익숙하죠. 기록에 따르면, 철학자의 돌은 불타듯 붉은 광택을 지니고 유리처럼 단단하지만 쉽게 가루로 부스러진다고 합니다. 누가 본 적도 없는 것을 마치 진짜로 존재하는 것처럼 기록해놓다니 참 대단한 배짱입니다. 실제로 철학자의 돌을 찾아낸 사람은 아무도 없으니 이런 속설을 확인할 방법도 묘연하지요.

연금술과 화학의 발전

현대인의 눈으로 보자면 연금술은 분명 거짓말입니다. 과학보다는 마술이나 주술에 더 가깝죠. 그래서 사람들을 현혹시키고 엉뚱한 지식으로 피해를 준 것도 사실입니다.

좀 다른 이야기지만, 수은과 관련된 일화도 이러한 경우에 해당됩니다. 수은mercury은 금속이지만 실온에서 액체 상태로 존재하는 특성과 다른 금속의 표면에 흡착해 은색으로 물들일 수 있는 성질 때문에 고대부터 매우 신기하고 귀중한 물질로 여겨졌습니다. 일부에서는 수은을 불로장생약으로 생각해 진시황을 비롯한 황제들이 정기적으로 복용했다는 기록이 남아 있을 정도죠. 그러나 수은은 체내에 축적되면 폐, 신장, 신경 조직을 침범해 심각한 중독 증상을 일으키는 무서운 중금속입니다. 중국 황제들의 수명이 터무니없이 짧은 이유가 수은 중독이라는 설도 있답니다. 1953년 일본의 미나마타시에서 발병해 수십 명의 사망자를 낸 '미나마타병'의 원인은 근처 공장에서 몰래 버린 산업폐기물 속의 수은이었습니다. 수은이 하천으로 흘러들어가 물을 오염시키고, 오염된 물에서 자란 물고기를 잡아먹은 사람들이 수은 중독으로 미나마타병에 걸립니다. 수은에 오염된 물고기를 먹기만 해도 이 정도인데, 수은 자체를 먹거나 몸에 발랐다면 그 피해가 어떨지 상상조차 하기 싫어지네요.

비록 연금술 자체는 실패했지만 흥미롭게도 연금술은 근대 화학의 모태가 되었습니다. 수많은 사람이 실험에 매달린 결과, 다양한 합금과 염산, 황산 등을 만들고 물질의 화학적 변환을 일으키는 방법(증류, 용융, 냉각, 촉매 사용 등)을 알아냈습니다. 고온에 견딜 수 있는 도가니와 용광로뿐만 아니라 정밀한 저울, 각종 플라스크나 증류기, 정류 장치 등 다양한 실험용 기구도 개발되었지요.

금을 만들기 위한 연금술사들의 노력이 이어지면서 화학에 대한 지식이 쌓이자 사람들은 오히려 연금술에 회의감을 품기 시작합니다. 그래서 연금술에서 비롯된 지식과 결과물을 모아 새로운 학문 영역을 구축해나갔지요. 이렇게 탄생한 학문이 근대 화학입니다. 연금술이 뜻하던 바는 이루지 못했지만 결과물은 근대 화학의 성립에 결코 빠질 수 없는 기초가 되었으니 전혀 쓸모없는 것만은 아니었습니다. 이는 수많은 실패와 희생을 치른 이후에 얻어진 것이었죠. 일정

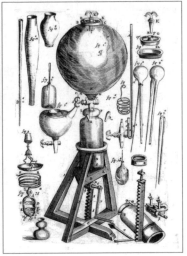

온도에서 기체의 압력과 부피는 서로
반비례한다는 '보일의 법칙Boyle's Law'
으로 유명한 로버트 보일Robert Boyle,
1627~1691은 최후의 연금술사이자 최초의 근대적 화학자로 불립니다.
보일은 모든 이론이 실험적으로 증명되어야만 가치가 있다고 믿었
고, 아리스토텔레스의 '원소 변환설' 대신 데모크리토스의 '원자론'
을 따랐습니다. 그는 저서 『회의적인 화학자 *The Skeptical Chemist*』
에서 연금술과의 공식적인 결별을 선언했으며, 이후 근대 화학의 주
춧돌을 쌓은 화학자로 이름을 남겼답니다.

　허황된 꿈으로 시작한 연금술은 결국 근대 화학의 뿌리가 되었습
니다. 18세기에 들어서면서 화학은 실생활에 접목되어 가볍고 단단

한 금속 제련, 다양한 모양의 유리 제품 제조, 동물성 지방 비누 제조, 다양한 염료 개발 등으로 이어졌습니다. 이런 변화는 18세기 사람들의 생활을 변화시키고 산업혁명의 촉매가 되기도 했습니다. 산업혁명 이후에는 화학의 역할이 더욱 커져 석탄과 석유의 가공 물질이 인간 생활을 빠르게 변화시켰습니다. 화약, 의약, 합성수지, 인조섬유의 개발은 인류가 본격적인 과학의 혜택을 누릴 수 있는 바탕이 되었답니다.

현대의 연금술, 핵물리학

연금술은 19세기에 들어서 본래의 의미와는 다르지만 새로운 전기를 맞이하게 되었습니다. 연금술은 하나의 고유한 물질이 다른 물질로 바뀔 수 있다는 원소 변환설에서 출발했으나, 이는 17세기에 대두한 원자론에 부딪혀 거짓말로 치부되었습니다.

하지만 19세기 말 무렵, 물질의 최소 단위이자 절대 쪼개지지 않을 것이라는 원자론 자체가 위협을 받습니다. 1896년 프랑스의 과학자 앙리 베크렐Henri Becquerel, 1852~1908은 우라늄 화합물을 연구하는 과정에서 우연히 눈에 보이지 않지만, 투과성과 이온화 경향을 지닌 '광선'의 존재를 눈치 챕니다. 즉, 방사선放射線의 존재를 알아차린 것이지요. 뒤이어 프랑스의 젊은 과학자 부부인 피에르 퀴리Pierre Curie,

PERIODIC TABLE OF THE ELEMENTS

■ Non-metal　■ Metal　■ Noble gas
■ Alkali metal　■ Metalloid　■ Lanthanide
■ Alkaline earth metal　■ Halogen　■ Actinide
■ Transition metal

원소의 주기율표

$^{1859~1906}$와 우리에게는 퀴리 부인으로 잘 알려진 마리 퀴리$^{Marie\ Curie,}$ $^{1867~1934}$가 방사선을 방출하는 또 다른 물질인 폴로늄과 라듐을 발견하면서 방사선에 관한 연구에 가속이 붙기 시작합니다.

　방사선을 연구한 학자 중 가장 대표적인 사람은 어니스트 러더포드$^{Ernest\ Rutherford,\ 1871~1937}$입니다. 러더포드는 우리가 현재 교과서에서 배우고 있는 원자 모형의 토대를 마련한 사람입니다. 러더포드의 원자 모형에 따르면 중앙에 질량의 대부분을 차지하는 핵이 존재하며, 전자가 원자핵 주위에 위성처럼 퍼져 있습니다. 이 이론에 따르면 원자의 대부분은 빈 공간이고 극히 작은 부위(핵)에만 질량이 집중되어 있습니다. 원자의 크기는 전자의 궤도 크기에 영향을 받습니다.

방사선을 연구한 러더포드는 1902년 방사선에 세 종류의 선이 섞여 있다는 사실을 알아냅니다. 각각 알파(α)선, 베타(β)선, 감마(γ)선이라 이름 붙인 방사선들은 이후에 엄청난 파장을 몰고 왔어요.

러더포드를 비롯한 여러 과학자의 실험을 통해 밝혀진 바에 따르면 알파선은 헬륨 원자핵의 흐름입니다. 원소 주기율표에서 헬륨은 수소 다음으로 작은 원소로 원자번호는 2이고, 질량수는 4입니다. 따라서 어떤 물질에서 알파선이 하나 방출되면 그 물질의 원자번호는 2가 감소하고 질량수는 4만큼 감소합니다. 즉, 원소 자체가 주기율표에서 자리를 바꿔 다른 것으로 변합니다. 이는 원자는 물질을 이루는 최소 단위가 아니고 원소도 영구불변하는 것이 아니라 다른 물질로 바뀔 수 있다는 사실에 대한 증명입니다.

베타선도 마찬가지입니다. 베타선은 핵에서 중성자가 붕괴해 양성자와 전자로 나뉘면서 튀어나오는 전자의 흐름입니다. 따라서 베타선이 하나 방출되면, 원자번호는 양성자의 개수를 의미하므로 원자번호가 1 증가하고 질량은 변하지 않습니다(전자의 질량은 너무 미미해 무시합니다). 질량은 변하지 않아도 어쨌든 원자번호가 바뀌니 이역시 다른 물질로 변환된다고 말할 수 있죠. 자연 상태의 우라늄은 방사선을 계속 방출하면서 토륨, 악티늄, 라듐 계열을 거쳐 결국에는 납$^{Pb, plumbum}$이 된답니다.

원자핵은 처음에 생각한 것보다 그리 안정적이지 않습니다. 원자번호에 따른 핵의 안정성을 살펴보면 철(원자번호 26) 근처의 중간 무게의 원자가 가장 안정적이고, 이보다 아주 무거우면 깨져서 중간으로 가려고 하고, 반대로 이보다 아주 가벼우면 융합해야 안정적인 현상을 보이기 때문입니다. 따라서 무거운 원소의 핵은 핵분열nuclear fission을, 가벼운 원소의 핵은 핵융합nuclear fusion을 일으킵니다. 핵이 분열되거나 융합할 때는 일반적인 화학변화에서는 상상할 수 없는 엄청난 에너지가 방출됩니다. 이때의 에너지 변환에는 아인슈타인의 유명한 공식 $E=mc2$가 등장합니다. 에너지(E)는 질량(m)에 광속(c)의 제곱을 곱한 만큼 값을 가집니다. 우라늄이 아주 작은 양으로도 엄청난 에너지를 낼 수 있는 것은 광속(30만 km/s)의 제곱을 곱한 만큼 에너지를 방출할 수 있기 때문이지요. 대표적인 핵분열과 핵융합을 일으키는 물질인 우라늄과 수소는 어마어마한 에너지가 인간의 삶에 큰 영향을 미칩니다. 원자력 발전소와 핵폭탄, 수소융합 발전소와 수소폭탄이 양면적인 가능성을 보여주는 대표적인 사례입니다.

본질을 볼 수 있는 진실의 눈

연금술은 원래의 목적을 이루지는 못했지만, 그 결과물은 근대 화학의 모태가 되었습니다. 또 20세기 들어서는 가장 위험하고도 매력적인 분야인 핵물리학으로 이어지고 있답니다. 연금술이 본래의 허무맹랑한 본질에서 벗어나 이렇게 인간 생활을 풍요롭게 할 수 있었

타로와 연금술

신비주의를 통칭하는 오컬트Occult는 타로와 연금술을 포함하고 있습니다. 타로와 연금술은 상징주의적인 면에서 비슷한 점이 많은데요. 실제로 타로 카드 1번은 연금술사(마술사)가 등장하죠.

던 이유는 비록 목적 자체는 잘못되었더라도, 그 결과물의 옥석을 가려 현실에 제대로 적용한 사람들의 정확한 판단력이 있었기 때문입니다. 잘못된 것은 과감히 버리고, 오류를 제대로 시정하고, 결과물의 진위를 파악하여 실제로 생활에 적용할 줄 아는 능력은 과학자뿐 아니라, 과학의 시대를 살아갈 여러분에게도 필요한 능력입니다.

정말 철로 금을 만들 수 있을까?

원자핵 속에는 무엇이 들어 있을까요? 예전에는 중성자를 양성자와 전자가 결합된 물질이라고 생각했지만, 현대물리학에서 중성자는 한 개의 업쿼크^{up} ^{quark}와 두 개의 다운쿼크$^{down\ quark}$가 결합된 형태로 봅니다. 업쿼크의 전하량은 +2/3이고, 다운쿼크의 전하량은 -1/3이므로, (+2/3)+(-1/3)+(-1/3)=0이라서 중성자는 전기적으로 중성입니다. 반면 양성자는 두 개의 업쿼크와 한 개의 다운쿼크가 결합된 형태이므로, (+2/3)+(+2/3)+(-1/3)=+3/3=+1의 전하량을 가지는 것이죠. 중성자가 원자핵에 존재하는 이유는 원자핵을 안정적으로 유지하는 것입니다. 양성자들은 (+)전하를 띠는데, 전자기력에서 같은 극성을 지닌 이들은 서로 밀어내기 마련입니다. 물론 원자핵은 핵력이라는 매우 강한 힘에 의해 결합되어 있지만, 양성자가 늘어나면 반발력도 커집니다. 그런데 중성자가 존재하면 중성자와 양성자의 쿼크 조합은 서로 상대적이기 때문에 핵의 안정성이 커집니다. 원자핵에 양성자 한 개가 있는 수소를 제외하면 대부분의 원소는 핵 속에 양성자와 동일한 수의 중성자를 가지기 마련이지요.

원자핵 안에 양성자와 중성자가 존재하고 이들의 구성 물질이 결국 같다는 것을 알고 나니, 사람들에게 오래전에 사라진 연금술에 대한 가능성을 다시금 생각하기 시작했습니다. 말 그대로 연금술은 납이나 철과 같이 비교적 흔하고 값싼 금속을 훨씬 더 비싸고 귀한 금으로 바꿔주는 비술^{祕術}을 뜻합니다. 전통적으로 금은 고귀한 존재인 데 비해 철은 가치가 훨씬 떨어진다고 생각했습니다. 철은 아무리 잘 가공해도 시간이 지나면 녹이 슬고 삭아서 못 쓰게 되지만, 금은 오랜 시간이 지나도 변치 않고 물속에서도 녹거나 변성되지 않기 때문이죠. 옛사람들은 철과 금을 완전히 다른 것으로 보았고, 철을 금으로 바꾸려면 마법의 힘이 필요하리라 생각했습니다. 물론 성공한 사람은 아무도 없었지요.

그런데 화학이 발전하자 철을 금으로 바꿀 수 있을 거라는 희망이 다시 생겼습니다. 이 세상에 존재하는 모든 물질은 각각 고유한 것이 아니라, 동일한 쿼크들로 이루어진 양성자와 중성자로 결합된 원자핵 안에 양성자가 몇 개 있느냐에 따라 종류가 달라지니까요. 그러니 양성자의 개수만 바꾸어줄 수 있다면 물질을 다른 종류로 바꾸는 것도 가능하지 않을까요?

이를 뒷받침하는 실험도 있었습니다. 1920년대 영국의 물리학자 러더퍼드와 그 동료들은 대기 중의 질소에 헬륨을 충돌시키자 수소와 산소가 발생하는 것을 관찰했습니다. 각각의 원자번호는 질소 7번, 헬륨 2번, 수소 1번, 산소 8번입니다. 2+7을 했더니 1+8이 되었습니다. 질소와 헬륨과 수소와 산소는 각기 다른 성질을 지닌 원소들이지만, 이런 조합이 나왔다는 사실은 실제로 원자핵의 양성자 개수가 달라지는 것만으로도 물질 전환의 가능성이 밝혀진 것이죠. 다시 말해, 철을 금으로 바꾸는 일은 마술의 힘을 빌리지 않아도 이론적으로 가능하다는 것입니다.

그렇다면 철 원자핵에 양성자를 추가해 금을 만들 수 있지 않을까요? 물론 이론적으로는 가능하지만 현실적으로는 다른 문제입니다. 원자핵을 쪼개거나 융합시키는 것은 이론적으로는 가능하고 부분적으로 현실성도 있지만, 이 과정에 들고 나는 에너지가 어마어마해 제어하는 것이 매우 어려웠거든요. 원자번호 26번인 철을 원자번호 79번인 금으로 만들려면 산술적으로 보아도 원자핵에 양성자를 53개나 결합시켜야 합니다. 이때 필요한 에너지의 양은 엄청나서 그냥 금을 캐는 것보다 비용이 훨씬 많이 들기 때문에 현실성이 없습니다. 실제로 이런 방식으로 금을 만들기에 가장 적합한 원소는 백금입니다. 원자번호 78번인 백금은 원자번호 79번인 금과 양성자 개수가 한 개밖에 차이가 나지 않으므로, 현실적으로 가능하기는 합니다. 하지만 백금도 금 못지않게 비싼 귀금속이기 때문에, 백금에 엄청난 에너지를 가해 금으로 변환시켜봤자 수지 타산이 맞지 않습니다. 현대판 연금술은 금을 만드는 데 쓰이기보다 오히려 핵분열 과정에서 나오는 엄청난 에너지 자체를 이용하기 위해 쓰이는 경우가 대부분입니다. 물질보다 에너지가 우리에게 더 쓸모 있기도 하고요.

08

하늘은 운명을
반영하는가?

점성술에서 시작해
천문학으로 이어지다

점성술사들은 하늘을 보고 미래를 예언해야 했기 때문에,
하늘을 면밀히 관찰하고 별들의 움직임을 예측하는 방법을 찾았습니다.
여기서 파생된 것이 바로 천문학이죠.

지난 2016년, 전기 자동차 회사 테슬라모터스의 창업자인 엘론 머스크는 '다多행성 거주종種으로서 인류의 가능성'을 제시하며 2024년 화성에 최초로 사람을 보내겠다는 야심찬 포부를 발표한 바 있습니다. 실제 2024년이 되었지만, 현재까지도 그의 공언은 미래의 일이며 실현 가능성이 낮다고 생각하는 사람들이 많습니다. 그럼에도 여전히 지구 밖 외계 저 너머의 삶은 우리의 가슴을 뛰게 만듭니다.

갈릴레오 갈릴레이는 1609년 자체적으로 망원경을 제작해 달을 관

스피릿이 전송한 사진
화성 탐사 로봇 스피릿이 보내온 화성 표면 사진입니다.

찰했습니다. 그가 만든 망원경의 배율은 최대 30배에 불과했지만, 이 정도만으로도 달은 커다란 푸른 치즈도 아니고 계수나무와 옥토끼가 살고 있는 곳도 아니라는 사실을 분명히 알 수 있었습니다. 달은 울 통불통한 산맥과 협곡으로 이루어진 또 다른 메마른 '땅'이었던 것이 죠. 이후 우주를 관찰하는 스케일이 커지면서 인간은 더없이 드넓은 우주의 크기에 압도되었고, 그 속에 홀로 존재하는 '지적 생명체'로 서 근원적인 외로움을 느끼게 되었습니다. 과연 이 넓은 우주에 우리 만 존재하는 걸까요? 만약 어딘가에 다른 생명체가 존재한다면 어디 서 어떤 모습으로 살아가고 있을까요?

이제 인류는 미약하나마 자신이 살고 있는 지구를 떠나 다른 행성 을 조금씩 탐험하는 수준에 이르렀습니다. 특히 화성은 지구와 비교 적 가까이 있는 행성인데다가 금성처럼 너무 뜨겁지도 토성처럼 너 무 차갑지도 않은 행성이기 때문입니다. 또 극관極冠, polar cap을 통해 물의 존재 가능성이 제기되면서 오래전부터 화성은 태양계의 행성 중 생명체가 발생할 가능성이 가장 높은 곳으로 지적되었습니다. 화 성의 양극에서 얼음으로 덮여 하얗게 빛나는 극관이 처음 알려졌을 때는 화성인이 인위적으로 만든 수로가 있다는 소문이 퍼지기도 했 지요. 1938년 미국 라디오방송에서 오슨 웰스의 〈우주 전쟁〉이 라디 오드라마로 방송되었을 당시 이를 진짜 화성인의 침공으로 착각한 사람들이 공포에 질려 집 밖으로 뛰쳐나왔다는 일화가 있을 정도니 까요. 이후 화성에 여러 차례 보냈던 무인 탐사 로봇들이 보내온 정보에 따르면, 지적 능력을 갖춘 화성인은 고사하고 생명체 자체가 존재할 확률도 희박합니다. 그래도 여전히 화성은 인류를 끌어들이고 있습니다. 심지어 화성에 아무도 살지 않으니 우리가 가서 살겠다고 말할 정도입니다.

하늘을 올려다본 사람들

하늘 아래에서 태어나 하늘이 없는 곳에서는 살아갈 수 없는 사람들에게 하늘은 오랫동안 천국이 있는 곳이었습니다. 지상에서 고단하게 살던 영혼들이 안식을 얻고 편히 쉴 수 있는 곳이기도 했고요. 그래서 하늘의 움직임은 소중한 신의 가르침이자 지표가 되었지요. 머나먼 동방에 살던 박사 세 사람이 밝게 빛나는 별 덕분에 베들레헴의 마구간에서 태어난 아기 예수를 찾았다는 이야기는 너무도 유명하죠. 그런 의미에서 별과 천문학에 관한 이야기를 좀 더 해볼까 합니다.

해가 지고 어둠이 찾아오면 하늘에는 별이 반짝이고 달이 떠오릅니다. 그리고 또 그만큼의 시간이 지나면 동쪽 하늘이 밝아오고 태양이 떠오르는 것이 반복됩니다. 태양은 늘 비슷하지만, 달은 주기적으로 변합니다. 이러한 변화로 사람들은 '시간'이라는 개념을 깨닫게 되었죠. 그리하여 최초로 만들어진 달력은 '음력'입니다. 달리 시간을 측정할 수단이 없던 사람들에게 일정한 주기로 차고 이지러지는 달

의 모습은 시간을 측정하는 가장 좋은 표지였을 테니까요.

세계 4대 문명의 발생지 중 하나인 메소포타미아의 사람들은 역사 상 최초로 달의 모양을 보고 달력을 고안해냈다고 합니다. 이들은 보름 달에서 다음 보름달이 나타나는 시간을 한 달로 잡고 1년을 열두 달 로 만들었습니다. 달의 한 주기는 29.5일이기 때문에, 한 달은 29일, 다음 달은 30일이 번갈아 오도록 배치하면 1년은 354일로 우리가 알 고 있는 1년보다는 11일이 짧습니다. 음력은 달력이 없을 때 달의 모 양만 봐도 지금이 대충 며칠인지 알 수 있어 편리합니다. 사극에서 등장인물들이 '다음 보름에 만나자'거나, '다음 그믐까지 일을 마쳐

아주 오래전 옛날부터 달은 모양의 변화로 사람들에게 시간의 흐름을 알려주었습니다. 더불어 동서양에서 모두 신비스러운 존재로 인식되었죠.

라'하는 대사가 자주 나오는 이유는 달력이 귀하던 시대, 하늘만 봐도 알 수 있는 날들을 기준으로 삼았기 때문이죠. 하지만 음력을 사용하게 되면, 실제 1년에 비해 11일이나 짧기 때문에 3년만 지나도 한달 가까이 차이가 나서, 계절과 달이 맞지 않게 지나가곤 합니다. 그래서 지금도 음력의 경우, 19년마다 7개월의 윤달을 두어 달력과 계절이 지나치게 어긋나는 것을 방지합니다.

달 외의 천체를 사용해 달력을 만든 최초의 사람들은 이집트인입니다. 나일강은 1년에 한 번씩 범람해 강바닥의 비옥한 토양을 주변

농지로 흘려보내 농사에 도움을 주었습니다. 물이 부족한 사막 지역인 이집트에서는 해마다 일어나는 나일강의 범람이 아니라면 농사를 지을 수 없었습니다. 따라서 이 지역에 사는 사람들에게는 나일강의 범람이 어느 시기에 일어나는지 정확히 예측하는 것이 무엇보다 중요했습니다.

그래서 음력보다 좀 더 정확한 달력이 필요했습니다. 사람들은 하늘을 좀 더 열심히 관찰하기 시작했고, 별들이 항상 같은 자리에서 같은 시간에 반짝이는 것이 아니라 주기를 두고 변화한다는 사실을 알아챘습니다. 그중 가장 큰 수확은 밤하늘에서 제일 밝은 별인 시리우스Sirius가 새벽녘에 반짝이는 시기가 되면 나일강이 범람한다는 점을 알아낸 것입니다. 이후 시리우스는 '나일의 별'이라고 불리며 이집트인들의 시간 개념에 많은 영향을 주었고, 천문 관측이 일상생활에 도움이 된다는 사실을 가르쳐준 대표적인 별이 되었습니다.

하늘을 관찰하는 두 가지 방법, 점성술과 천문학

고대인들은 하늘을 관측해 별자리의 움직임을 파악하면 일상생활에 도움이 된다는 것을 깨닫고 열심히 하늘을 관찰하기 시작했습니다. '천문학'이라는 개념이 나타난 것이죠. 이들은 고정된 북극성으로 방향을 잡았고, 달의 차고 이지러짐에 따라 바닷물이 밀려오고 나가는 것을 알았습니다.

이렇게 시작된 별자리 관측은 두 가지 길로 들어서는데, 바로 점성술과 천문학입니다. 점성술astrology과 천문학astronomy은 어원이 비슷합니다. 점성술은 '별astro+학문logos'을 뜻하고, 천문학은 '별astro+법칙nomos'을 뜻합니다. 다시 말해, 별에 관해 논하는 것은 점성술이고, 별들의 법칙을 연구하는 것은 천문학이라는 것입니다. 논하는 것과 연구하는 것이 비슷한 개념처럼 보이는 건 고대인에게 점성술과 천문학은 혼재된 개념이었기 때문입니다. 물론 그들이 생각하는 우주와 지금 우리가 알고 있는 우주는 차이가 있기 때문에, 고대의 개념을 현대에 적용하는 건 무리입니다. 고대인들은 평평하고 둥근 돔처럼 생긴 하늘이 지구를 덮고 있다고 생각했지요. 천구에 별들이 박혀 있고, 태양과 달과 행성들은 길을 따라 움직이고 있다고도 생각했습니다. 유난히 반짝이는 별은 신적 존재거나 위대한 인물이 죽어서 영원히 빛나는 것이라 믿으며, 별똥별이 하나씩 떨어질 때마다 누군가가 죽었다고 슬퍼했습니다. 우리는 이제 지구는 둥근 행성이고, 하늘은 지구에서 바라본 우주이며, 별은 밝게 빛나는 큰 천체라는 사실을 알고 있습니다. 이런 세상에서 고대인의 사고방식을 가지고 현대를 살아가는 건 무리입니다. 그중 대표적인 것이 점성술이랍니다.

오랜 옛날, 점술사와 마법사는 국가의 대소사를 관장하고 생사여탈권을 쥔 강력한 권력자였습니다. 다른 사람들처럼 힘든 노역에 종사하지 않고도 하늘과 소통한다는 이유로 잉여생산물을 공급받으면서 사람들을 지배했지요. 이들이 권력을 가진 이유는 무엇일까요? 하늘과 소통한 것이 아니라 하늘의 법칙, 즉 과학적 사실을 혼자만 독점했기 때문입니다. 오로지 그들만 약간의 천문학과 연금술적인 화학 지식을 가지고 자연의 섭리를 조금이나마 알고 있었습니다.

처음 농사를 짓기 시작한 시절, 달력도 없고 시간을 측정하는 도구도 없던 시절, 일 년 중 어느 때 곡식의 씨를 뿌려야 하는지 결정하는 것은 매우 중요하고도 어려운 일이었습니다. 지금이 3월인지 5월인지 알아야 씨앗을 뿌릴 건지 채소밭을 일굴 건지 결정할 수 있을 테고, 적당한 시기를 놓치지 않고 씨를 뿌려야 기나긴 겨울을 굶어 죽지 않고 넘길 수 있었을 테니까요.

별의 움직임을 통해 계절을 파악하고 씨 뿌리기 좋은 시기를 알려주는 점술사와, 화학적인 비법으로 돌에서 금과 쇠를 뽑아낼 줄 아는 (혹은 안다고 주장하는) 마법사는 과학적 정보를 독점해 대중을 지배했습니다. 현대인의 눈에는 아주 단순해 보이는 과학적 사실을 아는 것만으로도 주술사들은 잉여생산물을 제공받고 권력을 독점할 수 있었습니다. 그러므로 명실공히 과학의 세기를 살고 있는 우리에게 과학 정보의 독점이 어떤 결과를 가져올지는 짐작하고도 남지요.

점성술과 별점

점성술은 지금도 사라지지 않고 꾸준히 명맥을 이어오고 있습니다. 별의 움직임이 자연과 인간에게 영향을 준다는 개념은 우리가 알지 못하는 거대한 힘이 우리에게 작용한다는 느낌을 주니까요. 그러나 점성술은 오컬티즘^{occultism}의 일부입니다. 오컬티즘이란 비밀과 은닉을 뜻하는 라틴어인 오컬트^{occult}에서 유래된 말로 과학적 법칙과 논리적 이치로는 설명이 불가능한 신비하고 불가사의한 것을 둘러싼

관념·의례·관행을 가리킵니다. 천리안적인 투시력과 예언력, 영혼과의 소통, 빙의, 점성술, 손금, 연금술, 수맥 탐사, 수정 구슬 점 등이 오컬티즘에 속합니다.

흔히 탄생 별자리로 알려진 별점은 1년을 '황도 12궁'에 해당하는 열두 개의 별자리로 나누어 각각의 시기에 태어난 사람들은 별자리의 영향을 받는다는 이야기입니다. 그러나 황도 12궁은 그 자체가 틀린 개념입니다. 고대인들은 태양이 1년을 주기로 하늘에서 조금씩 이동해 떠오른다는 사실을 발견했습니다. 태양이 이동하는 길을 하나로 연결하면 커다란 원이 되는데, 이를 태양이 천구를 이동하는 것처럼 보이는 가상의 길이라 하여 황도^{黃道, ecliptic}라고 불렀습니다. 이 황도를 12구간으로 나누고 각 구간에 대표하는 별자리를 설정한 것이 바로 황도 12궁입니다.

이 별들도 나름대로 공전하지만 차이가 미미해 짧은 시간 동안 육안으로는 그 차이를 확인하기 힘듭니다. 그래서 당시 사람들은 별들이 움직이지 않고 태양이 움직인다고 생각했죠. 지구에서 태양을 관찰하면, 마치 태양이 매달 다른 별자리를 배경으로 떠오르는 것처럼 보입니다. 따라서 그때그때 태양을 배경으로 떠오르는 대표적인 별자리 12개가 황도 12궁이 된 것입니다.

고대의 기록을 보면 황도 12궁은 양자리에서 시작해, 황소자리, 쌍둥이자리, 게자리, 사자자리, 처녀자리, 천칭자리, 전갈자리, 궁수자리, 염소자리, 물병자리, 물고기자리 순으로 되어 있습니다. 이 황도

12궁의 개념을 처음 사용한 고대 그리스에서는 1년의 시작을 춘분^{春分,} vernal equinox으로 잡았습니다. 당시 춘분에는 태양이 양자리 근처에서 떠올랐기 때문에 순서가 이렇게 결정되었죠. 24절기 중 경칩^{驚蟄}과 청명^{淸明} 사이에 있는 춘분은 태양이 남에서 북으로 천구^{天球}의 적도와 황도가 만나는 점(춘분점)을 지나가는 3월 21일경을 말합니다. 이날은 밤낮의 길이가 같지만 실제로는 태양이 진 뒤에도 얼마간은 빛이 남아 있어 낮이 좀 더 길게 느껴진다고 하네요. 그런데 지금은 어떨까요? 약 2,000여 년이 지난 지금 태양은 춘분에 양자리가 아닌 물고기자리를 배경으로 뜬다는 사실을 여러분은 알고 있었나요?

왜 이런 일이 벌어질까요? 그건 지구가 세차운동^{歲差運動, precessional} motion을 하기 때문입니다. 사전적 의미로 세차운동이란 회전체의 회전축이 일정한 부동축^{不動軸}의 둘레를 도는 현상을 말합니다. 연직축에 대해 약간 기울어진 팽이의 축이 비틀거리며 회전하는 운동입니다. 천문학적으로는 지구의 자전축이 황도면의 축에 대해 2만 5,800년을 주기로 회전하는 운동과 인공위성의 공전궤도면의 축이 지구 자전축에 대해 회전하는

황도 12궁
이집트에서 만들어졌다는 황도 12궁과 띠를 나타낸 조각품입니다.

운동 등이 있습니다.

지구의 중심축이 수직이 아니라 23.5도 기울어져 있다는 사실을 아시죠? 지구는 약간 삐딱하게 기울어져서 황도면에 수직인 고정축을 중심으로 2만 5,800년을 주기로 한 바퀴 도는 세차운동을 합니다. 따라서 지구상에서 보기에는 2만 5,800년을 주기로 황도상의 별자리가 한 바퀴 돌고, 이를 12로 나누면 2,150년을 주기로 황도상의 별자리가 한 칸씩 움직이는 것처럼 보입니다. 그러나 사람의 수명은 기껏해야 100년이기에 고대인들은 이런 현상을 알 수 없었고, 당시 보이는 대로 황도 12궁을 나눈 다음 별자리를 나누었던 것입니다. 따라서

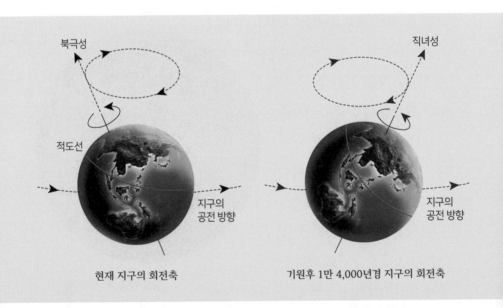

북극성

적도선

지구의
공전 방향

현재 지구의 회전축

직녀성

지구의
공전 방향

기원후 1만 4,000년경 지구의 회전축

세차운동의 진행

| 물병자리 | 물고기자리 | 양자리 | 황소자리 | 쌍둥이자리 | 게자리 |

| 사자자리 | 처녀자리 | 천칭자리 | 전갈자리 | 사수자리 | 염소자리 |

지금은 춘분 무렵에 태양이 양자리가 아닌 물고기자리를 배경으로 떠오르고, 앞으로 2,000년쯤 지나면 태양은 춘분 무렵에 물병자리를 벗 삼아 떠오를 겁니다.

12개의 별자리

우리가 탄생일을 기준으로 잡은 별자리는 막상 그 기간에는 볼 수 없습니다. 황도 12궁은 태양이 그 별자리에 위치해 있을 때 기간을 잡은 것이기 때문이죠. 탄생 별자리라 부르는 별은 낮에 태양과 함께 떠 있답니다.

그래서 어긋나는 지점이 생깁니다. 별자리를 보면 춘분은 양자리 (3월 21일~4월 19일)에 포함되어 있습니다. 이는 2,000년 전에는 맞는 말이었을지 모르지만 현재는 그렇지 않습니다. 점성술사들이 2,000년 전에 만들어진 달력을 사용하기 때문에 지금과는 맞지 않는 것이죠. 오히려 이런 점이 점성술을 더욱 신비롭게 만들어 사람들을 유혹하긴 합니다만, 2,000년 동안 강산은 수백 번 변하고 세상도 변했는데, 과연 이것이 지금도 맞을 확률은 얼마나 될까요?

천문학의 시작

황도 12궁 이야기가 길어졌는데, 다시 점성술과 천문학의 차이로 돌아가죠. 점성술은 한마디로 '천체의 움직임을 살펴 미래를 예측하는 점술'입니다. 인간은 태어날 때부터 수호성을 지니기에 하늘의 운행이 사람의 운명에 영향을 미친다고 믿어왔습니다. 이런 맥락에서 하늘의 조화를 깨는 유성이나 혜성의 출현은 흉조로 받아들여졌지요. 점성술사들은 하늘을 보고 미래를 예언해야 했기 때문에, 하늘을 면밀히 관찰하고 별들의 움직임을 예측하는 방법을 찾았습니다. 여기서 파생된 것이 바로 천문학입니다.

프톨레마이오스Ptolemaeos, 85?~ 165? 는 점성술사이자 최초의 천문학자입니다. 그는 『알마게스트 *Almagest*』라는 이름으로 더욱 유명한 『천문학 집대성 *Megale Syntaxis tes Astoronomias*』이라는 책을 남겼습니다. 프톨레마이오스의 천재성을 잘 보여주는 이 책은 유럽에서는 15세기에 이르러서야 그의 이론을 완전히 이해하는 천문학자가 나타났을 정도라고 합니다. 우리가 현재 사용

최초의 천문학서 『알마게스트』
점성술사이자 최초의 천문학자인 프톨레마이오스의 저서입니다.

하는 48개의 별자리를 정리하고 일식과 월식, 행성 간의 움직임도 상당히 정확하게 예측했기 때문에 아리스토텔레스의 관념적인 개념에 비해 학문적으로 의미 있는 저서입니다.

그런데 천동설天動設, geocentric theory을 바탕으로 한 프톨레마이오스의 이론은 기본적인 가정 자체가 틀렸다는 것이 가장 큰 약점입니다. 천동설이란 우주의 중심인 지구는 움직이지 않고 그 둘레를 달과 태양을 비롯한 모든 행성行星이 천구를 따라 공전한다고 생각하는 우주관입니다. '지구 중심설'이라고도 하지요. 옛사람들은 땅은 고정되어 있고 평평하며 하늘이 땅을 중심으로 회전한다고 믿었습니다. 우주를 조물주가 만들어낸 완전체라고 생각한 고대 그리스인들도 천체는 둥글고 지구를 중심으로 이를 둘러싼 행성들이 등속운동을 한다고 믿었습니다. 그야말로 천동설의 완결판인 『알마게스트』는 중세 시대를 지배하던 기독교 교리에 잘 들어맞았기 때문에, 교회의 전폭적인 지지를 얻으며 1,000년이 넘는 시간 동안 받아들여졌습니다.

그러나 아무리 신학적 권위가 강하더라도 자연현상을 올바르게 읽어낼 수 있는 사람이 나타나는 것까지는 막지 못했습니다. 16세기에 코페르니쿠스Nicolaus Copernicus, 1473~1543가 마침내 지구는 우주의 중심이 아니라는 사실을 알아낸 것입니다. 1543년 「천체의 회전에 관하여 De revolutionibus orbium coelestium」라는 논문을 발표해 '지동설'을 처음으로 주장했습니다. 코페르니쿠스의 주장은 당시 사회 통념과 종교 개념에 정통으로 위배되는 것이었기에 교회는 그의 책을 금서^{禁書}로 지정했고, 끝까지 지동설을 지지하던 브루노^{Giordano Bruno, 1548~1600}는 결국 화형을 당했습니다.

하지만 진리는 언젠가는 밝혀지는 법! 아무리 숨기고 박해한다고 해도 진실 자체가 바뀌지는 않지요. 이후 티코 브라헤, 케플러, 갈릴레이, 뉴턴에 이르면서 지동설은 점차 힘을 얻기 시작했고, 결국에는 천동설을 밀어내고 우주관을 제대로 성립했습니

코페르니쿠스
지동설을 주장한 코페르니쿠스는 안타깝게도 지구의 공전과 자전의 증거를 밝혀내지 못했습니다.

다. 여담이지만 '코페르니쿠스적 전환'은 1,000년 넘게 내려온 우주관을 뒤바꿀 정도로 기존의 고정관념을 타파하는 발상의 전환을 가리킬 때 쓰는 표현입니다.

발전하는 천문학

천동설과 지동설의 힘겨루기에서 지동설이 승기를 잡을 수 있었던 건 티코 브라헤와 케플러에게 힘입은 바가 큽니다. 브라헤^{Tycho Brahe, 1546~1601}는 망원경 없이 볼 수 있는 모든 것을 관찰한 관측의 귀재였습니다. 브라헤의 제자인 케플러^{Johannes Kepler, 1571~1630}는 천연두

를 잃었던 후유증으로 시력이 나빠져서 육안 관측만 가능한 시절에 관측은 제대로 할 수 없었지만, 관측 결과를 가지고 수식을 유추해낸 수학의 천재였습니다. 이 두 사람은 사적으로 자주 티격태격했지만, 학문적인 면에서는 이보다 좋은 파트너도 없었죠. 케플러는 브라헤의 관측 결과를 토대로 현대 천체물리학의 기초가 되는 세 가지 법칙을 만들어냈습니다. 그것이 바로 교과서에도 등장하는 '케플러의 3법칙'이랍니다.

이즈음 갈릴레이^{Galileo Galilei, 1564~1642}는 렌즈 두 개를 겹쳐서 만든 망원경으로 별들을 관찰하고 있었습니다. 목성의 둘레를 도는 위성 네 개를 발견해 지구를 중심으로 움직이지 않는 물체가 있다는 것을 증명하는 등, 지동설이 옳다는 것을 뒷받침해주는 증거를 많이 제시했습니다. 물론 이런 이유로 종교재판에 회부되고 가택연금에 처하는 등 그의 일생도 편안하지는 못했지요.

갈릴레이가 자신의 이론을 펼치지 못하고 한을 담은 채 죽은 바로 그날, 또 한 사람의 위대한 과학자가 탄생했습니다. 고전 물리학의 아버지인 영국의 과학자 뉴턴^{Isaac Newton, 1642~1727}입니다. 뉴턴은 '만유인력의 법칙^{The laws of universal grabitation}'으로 행성들이 어떻게 일정한 궤도를 그리며 움직이는지 명확히 설명해 지동설의 손을 들어주었습니다. 1687년에 발표된 뉴턴의 저서 『프린키피아 *Principia*』는 역대 물리학 사상 최고의 저서로 꼽힙니다.

뉴턴의 만유인력 법칙은 천체들의 움직임을 예측할 수 있게 해주었습니다. 그래서 뉴턴의 이론에 영향을 받은 친구 핼리^{Edmond Halley, 1656~1742}는 혜성의 움직임을 관측해 다음 출현 시기를 예측했을 정도입니다. 핼리의 이름을 딴 '핼리혜성'은 그의 예언대로 정확히 76년마다 긴 꼬리를 늘어뜨리며 지구로 찾아오고 있답니다. 가장 최근에 핼리혜성은 1986년에 출현했고, 2061~2062년에 다시 그 모습을 볼 수 있을 것으로 추정됩니다.

핼리혜성

영국의 천문학자 핼리는 1705년에 뉴턴이 발표한 만유인력 이론에 따라서 혜성이 태양 주위를 76년 주기로 돌고 있다고 발표했습니다. 근래 우주 카메라에 의하여 얼음에 덮인 핵核과 꼬리가 선명하게 포착되었습니다.

18세기 이후, 지동설이 정립되면서 나름대로 체계를 갖춘 천문학은 눈부시게 발전하기 시작했습니다. 허셜^{William Herschel, 1738~1822}이 천왕성을 찾아냈고, 여러 학자가 화성과 목성 사이에 수많은 별 조각으로 이루어진 '소행성대'를 밝혀냈습니다. 이제는 행성의 움직임을 계산해 별을 찾아낼 정도로 자신감이 붙었습니다. 해왕성은, 천왕성의 궤도가 계산과 조금 차이가 나는 점에 착안해 천왕성에 영향을 미치는 행성이 있을 것이라 생각하고 수학적 계산으로 위치를 예측해 발견한 행성입니다. 이렇게 태양계의 여덟 개 행성이 모두 발견되었습니다. 한때는 1930년대에 발견된 명왕성까지 포함해 태양계의 행성이 아홉 개로 규정된 적도 있지만, 현재 공식적인 태양계의 행성은 수성, 금성, 지구, 화성, 목성, 토성, 천왕성, 해왕성 이렇게 여덟 개입니다.

이에 더해 은하가 빠른 속도로 멀어져 간다는 '허블의 법칙', 고전 물리학의 법칙을 깨뜨린 아인슈타인의 '상대성이론', 가모프의 '빅뱅 이론Big Bang Theory' 등이 줄줄이 등장하면서 천문학은 최고의 전성기를 맞이했죠. 이런 노력들이 쌓여 드디어 1969년 암스트롱이 인류 최초로 지구 외의 천체인 달에 첫발을 내디뎠습니다. 이후로 금성을 탐사하는 마리너 계획과 마젤란 탐사선(1989), 비너스 익스프레스(2005), 화성 탐사선인 패스파인더(1996), 목성 탐사선인 갈릴레오 탐사정(1995), 토성 탐사선인 카시니-하위헌스(1997), 명왕성과 그 주변 카이퍼 벨트의 작은 천체들을 탐사하는 뉴호라이즌스호(2006) 등의 우주선이 등장했습니다. 천왕성과 해왕성 탐사를 계획했던 우주선은 아쉽게도 취소되었지만, 혜성을 탐사하는 로제타 우주선은 2004년 발사되어 2015년에 인류 최초로 츄류모프-게라시멘코 혜성에 근접해 이를 촬영하는 데 성공하기도 했답니다.

드넓은 우주를 향하여

1958년부터 미국국립항공우주국은 '파이어니어 계획'을 실시해

본격적인 행성 탐사의 장을 열었습
니다. 이 계획에서는 주로 과학적
인 관측을 목적으로 총 13개의 우주
탐사선이 발사됩니다. 그중 1972년
에 발사한 파이어니어 10호가 유명한데, 목성의 강력한 중력을 이용
해 태양계를 탈출한 최초의 인공 우주선입니다. 파이어니어 10호는
1983년 6월 13일 태양계를 벗어난 이후 2020년 현재까지 총 48년간
긴 항해를 계속하고 있습니다. 파이어니어 10호는 혹시 외계인을 만
날지도 몰라 외계인에게 보내는 메시지를 싣고 오늘도 드넓은 우주
어딘가를 유영하고 있을 겁니다.

인간이 처음 하늘의 별을 자각하기 훨씬 전부터 별들은 그 자리에

있었고, 나름의 법칙과 질서에 따라 생성하고 소멸하고 움직여오고 있습니다. 하지만 인간은 별들을 자신의 입맛에 맞게 해석하고 받아들였습니다. 고대인은 지구가 평평하고 우주의 중심이라 믿었기 때문에 그만큼의 사실만 받아들일 수 있었습니다. 시간이 지나 과학과 사회가 발전하면서 점점 새로운 사실이 밝혀져 기존의 시각이 얼마나 편협하고 좁았는지 깨달았습니다. 그리고 하나씩 오류를 수정해나갔습니다. 이제는 더 이상 지구가 평평하다고 믿는 사람은 매우 적습니다. 인류는 직접 우주로 나가 둥그렇고 푸른 지구를 목격했으니까요!

처음에는 사람들이 지동설을 믿으려 하지 않았습니다. 기존에 진리라고 믿었던 것을 송두리째 버리고 새로운 법칙에 적응해야 한다는 사실을 쉽사리 받아들일 수 없었으니까요. 만약 사람들이 새로운 지식을 받아들이지 않고 계속 천동설만 지지하고 있었다면 우주 밖으로 나가 아름다운 지구의 모습을 사진에 담아 오지 않았을 겁니다. 호기심을 충족하고자 하는 끝없는 욕구와 발견한 사실의 진위 여부를 가리고 오류는 과감히 수정하려는 용기가 있어야 과학은 발전합니다. '코페르니쿠스적 전환'은 21세기 과학의 시대를 살아갈 여러분에게 꼭 필요한 사고방식이 될 것입니다.

최초로 우주에 묻히다

명왕성은 이래저래 안타까운 행성입니다. 1930년 클라이드 톰보^{Clyde W.} ^{Tombaugh, 1906~1997}가 처음으로 발견해 태양계 아홉 번째 행성으로 인정받았지만, 2006년에 바뀐 행성의 기준에 따라 태양계 아홉 행성에서 빠지게 되었으니까요. '명계의 왕' 하데스에서 딴 '명왕성'이라는 이름 탓이었을까요. 유난히 음울하게 들리는 이 행성은 발견된 이후 아주 오래도록 그 모습도 제대로 보여준 적이 없습니다. 그간 시행된 수많은 태양계 탐사 우주선 가운데 가장 유명한 것은 보이저 시리즈입니다. 보이저 2호는 1979년 7월 9일 목성, 1981년 8월 26일 토성, 1986년 1월 24일 천왕성, 1989년 2월 해왕성을 지나면서 '역사상 가장 위대한 항해자'라는 말이 어울릴 정도로 많은 행성에 다가가 이들의 근접 사진을 찍는 데 성공하고 태양계를 벗어났습니다. 우리가 흔히 교과서나 화보집에서 보는 목성과 토성, 천왕성, 해왕성의 사진은 대부분 보이저 2호의 작품입니다.

하지만 당시 보이저 2호는 궤도가 맞지 않아 명왕성에 접근하지 못한 채 태양계를 벗어나야 했지요. 이후 태양계 외곽의 카이퍼 벨트^{Kuiper Belt} 근방에 존재하는 명왕성과 작은 천체들을 관측하기 위해 새로운 탐사선인 뉴호라이즌스호가 출발했습니다. 1951년 미국 천문학자 카이퍼^{Gerard Kuiper, 1905~1973}가 발견한 카이퍼 벨트는 해왕성 바깥쪽에서 태양계 주위를 도는 작은 천체들의 집합체로 여러 왜행성 중 명왕성도 여기에 속해 있습니다. 흔히 혜성의 주요 근원지로 알려져 있지요.
카이퍼 벨트는 태양에서 매우 멀리 떨어져 있으므로 기온 자체도 영하 200도 이하로 매우 춥습니다.

보이저 2호가 찍은 토성

태양풍의 영향도 거의 받지 않아 46억 년 전 태양계가 형성될 때 남은 태고의 물질들이 원형 그대로 보존되어 있을 것으로 기대하고 있습니다. 따라서 과학자들은 뉴호라이즌스호의 정보를 근간으로 명왕성의 표면 성분과 대기를 분석해 카이퍼 벨트의 천체들이 어떻게 형성되었는지 파악하고, 이를 바탕으로 태양계의 생성 기원을 밝히려 하고 있습니다. 2004년 발사된 뉴호라이즌스호는 드디어 2015년 7월, 발견된 이후 85년간이나 자신의 모습을 숨겨온 명왕성의 모습을 카메라에 담는 데 성공합니다.

과학자들이 먼 우주로 탐사선을 보낼 때, 1차적인 목적은 해당 천체에 관한 정보 수집이지만 혹시 모를 외계의 지적 생명체와 조우할지 몰라 우리 인간의 존재를 알리는 선물을 같이 동봉하기도 합니다. 실제로 보이저 탐사선에는 '골든 레코드'라고 불리는 금으로 도금한 LP판이 실려 있습니다. 골든 레코드에는 지구의 풍경을 담은 116장의 사진과 한국어를 포함한 55개국의 언어로 전하는 인사말, 빗소리나 천둥소리, 엄마가 아기에게 입맞춤하는 소리, 베토벤부터 루이 암스트롱까지 다양한 음악 등이 담겨 있습니다. 물론 이 레코드를 재생할 플레이어도 같이 실려 있고요.

뉴호라이즌스호에는 특이하게도 사람을 화장한 뒤 남은 재 28g과 25센트 동전도 실려 있다고 하는데요. 이 유골의 주인은 명왕성의 발견자인 클라이드 톰보입니다. 톰보는 명왕성 탐사 계획을 듣고 매우 기뻐했지만, 고령(1906년생)인 자신이 그때까지 생존해 있지 못할 거라 예견하고는 자신이 죽어서도 이 프로젝트에 참여하길 원한다고 유언을 남겼습니다. 그래서 2006년에 발사된 뉴호라이즌스호는 톰보의 유골과 25센트 동전 한 개를 실은 채 명왕성을 향해 출발합니다. 앞서 명왕성의 이름은 영어로 pluto, 즉 신화 속 저승의 신 하데스의 이름이라고 말했죠? 명왕성 주변을 돌고 있는 또 다른 왜행성 카론도 신화 속에서 저승의 강을 건너게 해주는 뱃사공의 이름입니다. 예부터 저승의 강을 무사히 건너려면 뱃사공인 카론에게 동전으로 뱃삯을 지불하는 풍습이 있었습니다. 톰보의 유해가 무사히 명왕성을 지나 태양계 밖으로 나가도록 보살펴달라는 뜻에서 동전도 함께 넣은 것이라고 합니다. 선입견과는 달리 과학자들도 꽤 낭만적이고 유머러스하답니다.

09

우리의 뇌는 정말
10%만 가동하는가?

인간의 뇌의 진실과 거짓

우리 뇌는 매우 정교한 네트워크로 이루어진 집합체입니다.
수백억 개의 신경세포가 각자 가지를 뻗어 얽혀 있는 모양을 상상해보세요.
그들이 만들어낼 수 있는 경우의 수는 몇 가지나 될까요?
아마 상상할 수도 없이 많을 겁니다.

●●●

영화 〈무한대를 본 남자〉의 실제 주인공인 라마누잔Srinivāsa Rāmā nujan, 1887~1920의 일화는 천재라 불리는 인물에 관한 클리셰 같습니다. 영국의 식민지에서 태어난 라마누잔은 수학에 재능을 보였지만 가정 형편상 학업을 중도에 포기하고 일을 해야만 했죠. 당시 유일한 낙은 쉬는 시간 틈틈이 노트에 온갖 수학 문제를 풀고 이 노트를 영국의 수학자들에게 보내는 것이었습니다. 하지만 정식 교육을 받지 못한 라마누잔의 문제 풀이 방식은 매우 낯설었고 그나마 풀이 과정도 제 대로 쓰여 있지 않은 경우가 많아 대부분 무시당했다고 합니다.

하지만 모든 천재의 이야기에는 늘 스승이자 은인이자 수호천사 인 인물이 등장합니다. 라마누잔에게는 당대의 저명한 수학자 고드 프리 하디Gordfrey Hardy, 1877~1947가 그런 사람이었죠. 하디는 아무렇게나 휘갈겨 쓴 듯한 노트의 진가를 알아보고는 라마누잔을 영국으로 초 청합니다. 라마누잔은 33세 젊은 나이에 세상을 떠났지만, 하디의 노 력으로 수많은 수학적 난제의 답을 세상에 알릴 수 있었지요. 하디는

라마누잔을 발견한 일이 수학자로서 이룬 가장 큰 공헌이라고 말할 정도였습니다.

우리는 흔히 천재는 배우지 않아도 알고 평범한 사람이라면 절대 이해하지 못할 만큼 어려운 문제도 척척 풀어낸다고 생각합니다. 다시 말해, 우리 평범한 사람들과는 다른 부류라고 생각하지요. 그렇다면 천재의 눈에 비친 세상은 과연 얼마나 달라 보일까요?

아인슈타인과 10% 신화

사람들은 천재를 부러워합니다. 자신이나 자신의 아이가 천재적인 두뇌를 가지고 태어나면 얼마나 좋을까 바라기도 합니다. 그런 욕망이 과해서인지 머리를 좋게 만든다는 수백 가지의 비법이 난무하는데, 그중 꽤 의미심장해 보이는 것도 있습니다. 예를 들면, '10% 해결 The Ten-Percent Solution'입니다. 이 표현이 낯선가요? 그렇다면 혹시 이런 말은 들어보셨나요? '사람은 평생 뇌세포의 10%밖에 쓰지 않는다. 따라서 잠들어 있는 뇌의 나머지 90%를 일깨울 수 있다면 누구나 천재가 될 수 있다.' 이걸 영화로 만든 것이 뤽 베송 감독의 〈루시〉입니다. '10% 해결'은 때론 '10% 신화 ten percent of the brain myth'라고도 불립니다. 이 말의 근거가 어떻든 일단 솔깃합니다. 이 이론에 따르면, 내가 미적분학을 이해할 수 없는 것은 내 머리가 원래 나빠서가 아니라

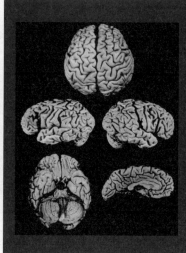

가능성이 있는데 그것을 개발하지 못하기 때문입니다. 따라서 미적분학은 영영 이해할 수 없는 금단의 영역이 아니라, 언젠가 나도 뇌를 발달시키면 이해할 수 있는 영역이 됩니다. 그런데 정말 이 말이 사실일까요?

희망을 깨뜨리는 것 같아 안됐지만, 10%라는 수치는 근거가 희박합니다. 왜 하필 10%일까요? 어떤 사람의 머리를 열어보니(이 순간 이 사람은 살아있어야 합니다. 죽으면 뇌 활동이 정지되니까요. 그래서 요즘은 이런 실험을 할 때 직접 머리를 여는 것이 아니라 MRI를 이용합니다만) 뇌세포 중 10%만 가동하고 있더라, 이랬을까요? '10% 신화'를

주장하는 사람들이 가장 많이 꺼내는 사례는 아인슈타인^{Albert Einstein,}
^{1879~1955}입니다. 기자가 "당신은 어떻게 천재적일 수 있습니까?"라고
질문했더니 아인슈타인은 "모든 사람은 일생 자신의 뇌를 10%밖에
쓰지 못합니다. 나는 단지 뇌의 15% 정도만 썼을 뿐입니다"라고 대
답했습니다. 초울트라 슈퍼 천재 아인슈타인이 한 말이라니, 사실 여
부와 관계없이 그냥 믿어버리고 싶어집니다.

  그러나 이 말은 실제 아인슈타인이 한 말이 아니라 아인슈타인의
사후에 이루어진 그의 뇌 조직 해부 실험에서 비롯된 오해라고 합
니다. 아인슈타인은 1955년 4월 18일 미국 뉴저지 프린스턴 병원에
서 76세를 일기로 세상을 떠났고, 그의 시신을 부검한 병리학자 하
비^{Thomas Harvey}가 유족의 동의도 얻지 않고 무단으로 아인슈타인의 뇌
를 끄집어내 사진을 찍고 고이 보존했습니다. 세기적 천재의 뇌가 궁
금할 수는 있지만 이런 행위는 엄연히 불법입니다. 게다가 그 결과로
나온 사실들은 예측과 너무나 달랐습니다. 아인슈타인의 뇌는 남성
의 평균 뇌 무게인 1,400g보다 작은 1,230g에 불과했고, 대뇌피질도
더 얇고 뇌의 주름도 더 얕게 패여 있었다고 합니다. 뇌의 무게나 대
뇌피질의 두께와 주름은 흔히 동물의 지능 발달을 추측할 때 관찰하
는 대상입니다. 물론 나이가 들면 뇌세포가 파괴되어 뇌가 줄어드는
경향이 있으니 아인슈타인이 사망할 때 나이가 70대라는 사실을 감
안해야 합니다. 그렇더라도 뇌의 모양 자체는 아인슈타인의 뇌라고
해서 특별할 것이 없었다고 합니다. 천재의 뇌가 일반인의 뇌와 별반

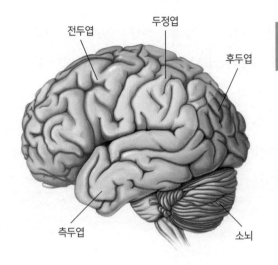

전두엽
생각, 계획, 생각과 판단에
따른 몸의 움직임을 담당.

두정엽
체감각의 지각, 시지각과 체
감각 정보를 통합.

측두엽
언어 기능, 청지각 처리, 장
기 기억과 정서 담당.

후두엽
시지각의 처리, 시각 인식.

다르지 않다는 사실에 실망했나요? 다만, 아인슈타인의 뇌에서 특이
한 점은 두정엽의 크기가 일반인보다 15% 정도 컸다는 것입니다.

두정엽parietal lobe은 정수리 꼭대기에서 뒤통수 쪽, 즉 뒷머리의 위
쪽 부분에 위치하는 부위입니다. 두정엽은 지각 및 감각의 인지, 인
식 기능을 담당하는데, 그중에서도 수학이나 물리학에서 필요한 입
체적·공간적 사고와 인식 기능, 계산 및 연상 기능 등을 수행하는 부
위로 알려져 있습니다. 그래서 이 부위를 다치면 인지력이 떨어지고
좌우 구별뿐 아니라 시간과 공간의 구별도 하지 못하게 되지요.

어쨌든 아인슈타인의 두정엽 크기 때문에 다소 논란이 있었습니
다. 두정엽은 논리적 사고를 담당하므로 이 부분의 크기는 논리적인
사고 능력과 연관성이 있지 않느냐는 의문이 제기된 것입니다. 하지
만 이후로 평범한 다른 사람들의 뇌와 비교했을 때, 두정엽의 크기와

지능 사이에 명확한 상관관계는 밝혀내지 못한 것으로 알고 있습니다. 두정엽에서 논리적 사고가 이루어지는 것은 사실이지만, 그렇다고 이 부위가 반드시 물리적으로 클 필요는 없습니다. 게다가 이 관찰에서 나온 '아인슈타인의 두정엽은 보통 사람의 평균보다 15% 크다'라는 말이 '아인슈타인조차도 뇌의 15%밖에 쓰지 못했다'라는 이야기로 와전된 것으로 보입니다.

뇌를 이루는 기본 단위, 뇌세포

여러분이 지금 이 책을 읽는 동안에도 여러분의 뇌 속에는 수많은 뇌세포가 부지런히 일하고 있습니다. 책을 읽는 동안 눈에 들어온 시각 정보를 처리하고 글자 모양을 파악해 그 의미를 맞춰서 이해하는 과정에도 뇌세포가 동원됩니다. 책을 읽으면서 숨도 쉬어야 하고 심장도 뛰어야 하며, 체온 유지, 소화 및 흡수, 혈액순환, 노폐물 제거도 빠짐없이 일어나야 하기 때문에, 이런 부위를 관장하는 뇌세포들은 한시도 쉬지 않고 일을 해야 한답니다. 이런 뇌세포들이 유기적으로 연결되어 있지 않으면 책상 앞에 앉아 책을 읽는 '간단한' 일도 우리는 해낼 수 없습니다.

그렇다면 이런 행동을 지휘하고 통제하는 우리 뇌는 어떻게 이루어져 있을까요? 그 속에 도대체 뇌세포는 몇 개나 들어 있어서 이런 활동을 모두 관장하고 통제하는 것일까요? 여러 가지 책을 살펴보면 우리 뇌에는 뇌세포가 약 100억 개에서 1,000억 개까지 존재한다고 하네요. 물론 어마어마한 숫자를 하나하나 세어보지는 않았을 것입니다. 뇌의 아주 작은 조각을 잘라서 그 안의 세포를 세고 전체의 면적을 곱해서 얻은 숫자니까 어느 정도 오차는 인정해야지요. 어쨌든 뇌세포의 수는 우리가 상상하는 것 이상으로 많습니다.

뇌세포는 크게 두 종류로 나눌 수 있습니다. 우리가 교과서에서 배운 신경세포neuron와 신경세포를 지지하고 기능을 도와주는 교세포glial cell가 있습니다. 정작 우리가 신경계의 전부인 것처럼 알고 있는 신경세포는 신경 전체의 10% 미만일 정도로 뇌의 대부분은 교세포가 차지합니다. 마치 무대에서 스포트라이트를 받는 스타는 한 사람뿐이지만, 그 뒤에는 수많은 스태프가 존재하는 것처럼 말이죠. 신경세포에게 교세포는 충실한 지지자 역할을 수행합니다.

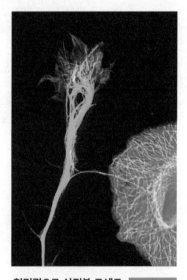

현미경으로 살펴본 교세포
신경계는 신경세포와 교세포로 이루어져 있습니다. 신경세포는 신경 신호를 전달하고 교세포는 신경을 지지하거나 신호 전달을 돕습니다.

중추신경에서 이 교세포는 성상세포astrocyte, 희돌기세포oligodendrocyte, 미세교세포microglia 등으로 구성되어서 신경세포에 영양분을 전달하

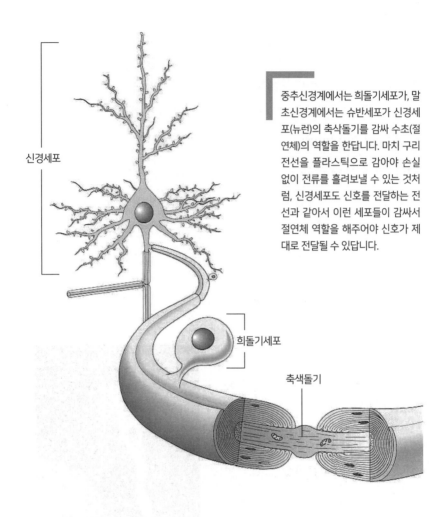

신경세포

중추신경계에서는 희돌기세포가, 말초신경계에서는 슈반세포가 신경세포(뉴런)의 축삭돌기를 감싸 수초(절연체)의 역할을 한답니다. 마치 구리전선을 플라스틱으로 감아야 손실 없이 전류를 흘려보낼 수 있는 것처럼, 신경세포도 신호를 전달하는 전선과 같아서 이런 세포들이 감싸서 절연체 역할을 해주어야 신호가 제대로 전달될 수 있답니다.

희돌기세포

축색돌기

고 지지하고 보호하는 일을 하고 있습니다. 성상^{星狀}세포라는 말은 세포가 별 모양을 닮았다고 해서 이름이 astro(별)+cyte(세포)입니다. 희돌기세포는 oligo(적은)+dendro(돌기, 튀어나온)+cyte의 합성어고요. 이처럼 귀찮은 일은 모두 교세포가 떠맡고 신경세포는 정말 본연의 임무인 신경 신호 전달에만 신경 쓰면 되도록 조직화되어 있지요.

신경세포의 모양은 학교 생물 시간에 배웠을 거예요. 신경세포체

soma를 중심으로 길게 뻗은 하나의 축삭돌기axon와 머리카락을 풀어헤친 듯한 수상돌기dendrite로 구성되어 있는 특이한 모양의 세포입니다. 수상돌기가 각종 정보를 수집하면 신경세포체가 정보를 모아서 처리하고 축삭돌기가 다음 신경세포나 다른 곳으로 정보를 방출하는 구조로 되어 있지요. 신경계에서는 이런 신경세포 여러 개가 하나의 서킷을 이루며 존재한답니다.

자, 이렇게 신경세포들이 정보를 전달한다면 이들 사이의 연결이 매우 중요하겠죠? 신경세포와 신경세포가 연결되는 부위를 시냅스synapse라고 부릅니다. 뇌의 발생 과정을 보면 임신 초기의 배아기embryo development 중 신경 형성기neurulation에 수많은 신경세포가 생겨났다가 차츰 줄어드는 것을 볼 수 있습니다.

신경세포의 재생은 불가능할까?

보통 완전한 뇌에 존재하는 신경세포 숫자의 배 이상이 발생 초기에 생겨났다가 사라집니다. 신경세포는 신호 전달이 목적이자 존재 이유이기 때문에 다른 세포와 제대로 연결되지 않으면 존재 의미가 없습니다. 따라서 초기에 다량으로 생겨난 신경세포들은 저마다 아직 축삭돌기와 수상돌기가 명확하지 않은 초기 상태의 뉴라이트neurite들을 마구 뻗어서 서로 맞는 짝을 찾다가 제대로 기능할 수 있는 시냅스를 형성한 녀석들만 살아남고 나머지는 죽는 과정을 거칩니다. 마치 나무의 가지치기처럼 말이죠. 일단 많이 만들어서 쓸모 있는 놈만 남기고 나머지는 없앤다는 전략이 얼핏 비효율적으로 보일 수 있겠지만, 불확실한 상황에서 최적의 전략을 찾는 방법으로는 가장 현실적이기도 합니다.

이들의 경쟁은 폭발적으로 시작해 짧은 시간에 결판난 뒤에는 그대로 유지됩니다. 신경세포, 특히 중추신경(뇌와 척수)은 일단 만들어져 숙아지고 나면 일부 예외를 제외하고 더 이상 분열하지 않기 때문에 중간에 사고로 다치거나 없어지면 원래대로 돌아오는 것이 거의 불가능합니다. 간혹 사고로 목이나 척추에 심각한 손상을 입은 사람이 영구적인 사지 및 하지 마비가 일어나는 것은 중추신경세포가 한번 사멸하면 재생되지 않기 때문입니다. 따라서 태아기와 유아기에 뇌세포의 연결 고리 형성은 매우 중요합니다.

그렇다면 우리 몸을 유지하는 데 이렇게 중요한 신경계는 왜 재생되지 않는 시스템으로 진화했을까요?

오랫동안 학자들은 골머리를 앓아왔습니다. 다른 기관은 어느 정도 재생 능력이 있는데 가장 중요한 뇌세포는 재생되지 않는 걸까요? 사람의 내장 기관 중 재생 능력이 가장 뛰어난 기관은 간입니다. 건강한 사람은 간의 절반 정도를 잘라내도 다시 원래대로 재생됩니다. 그래서 간은 살아있는 사람에게서 일부를 떼어내 다른 사람에게 이식하는 것이 가능합니다. 이를 '생체 간이식'이라고 하지요. 그런데 왜 중추신경세포는 재생이 안 되는 것일까요? 심지어 같은 신경세포인 말초신경세포도 재생되는데 말입니다.

학자들은 두 가지 가능성을 가지고 실험하기 시작했습니다. 뇌세포는 정말 더 이상 분열하지 않는 세포라는 가능성과 분열할 능력은 있지만 여러 조건상 분열이 제한된다는 가능성이죠. 그동안의 연구 결과에 따르면, 뇌세포는 후자의 조건을 가지고 있다는 사실이 밝혀졌습니다. 관찰 결과 신경세포가 상처를 입으면 주변을 둘러싸고 있는 교세포가 신경세포의 재생을 막는 방해물을 만들어 재생을 막습니다. 실험실에서 신경세포 하나만 꺼내서 일부러 상처를 낸 뒤, 방해물과의 접촉을 막고 신경세포 성장을 도와주는 물질을 처리해주면 다시 재생하는 것이 관찰되었습니다.

뇌세포 재생 속에 숨은 의미

그렇다면 왜 우리의 뇌는 재생력이 없는 것도 아니면서 여러 방해 공작을 써가며 신경세포의 분열과 재생을 막도록 진화한 것일까요? 교세포는 왜 평소에는 신경세포를 위해 몸 바쳐 일하다가 정작 신경세포가 다쳐서 도움이 필요할 때는 매몰차게 죽도록 몰아붙이는 걸까요? 이를 이해하려면 먼저 뇌가 존재하는 이유부터 생각해야 합니다. 신경계는 우리 몸의 다른 기관들을 조절하는 기능을 합니다. 즉,

신경세포들은 조직 속에 있을 때만 의미가 있지 그 자체로는 음식을 소화시키지도 혈액을 순환시키지도 못합니다. 신경세포는 다른 기관들과 '제대로' 연결될 때만 의미가 있습니다.

그렇다면 우리 뇌는 매우 정교한 네트워크로 이루어진 집합체입니다. 수백억 개의 신경세포가 각자 가지를 뻗어 얽혀 있는 모양을 상상해보세요. 그들이 만들어낼 수 있는 경우의 수는 몇 가지나 될까요? 아마 상상할 수도 없이 많을 겁니다.

예를 들어, 우리가 학교에서 '미국의 수도는 워싱턴'이라는 지식을 배워 뇌세포에 기억시키면, '미국의 수도는 워싱턴'이라는 지식이 신경세포의 회로에 저장됩니다. 이후에 이 신경세포는 움직이면 안 됩니다. 기억을 저장한 뒤에도 신경세포가 마구 자라고 분열한다면 이후 회로는 엉망이 되어 기억이 뒤죽박죽되어버릴 테니까요. 마치 노트에 필기를 하다가 깜빡 졸아서 같은 위치에만 계속 글씨를 썼다고 생각해보세요. 분명 필기는 했어도 나중에 알아볼 수 없겠죠. 제대로 알아보려면 한 줄을 쓰고 다음 줄로 옮겨 가야 합니다.

우리 뇌도 마찬가지입니다. 일단 기억을 저장하고 회로가 완성된 뒤에 신경세포는 더 이상 변하지 않아야 합니다. 그래야 기존의 기억을 제대로 보관할 수 있지요. 우리의 뇌는 상처를 입었을 때 재생할 수 없다는 엄청난 위험 부담을 감수하고서라도 기존의 신경 전달 서킷을 지키려는 전략을 택했던 것이지요. 하나를 얻기 위해 다른 하나를 희생하는 것, 진화는 이렇게 냉정하게 진행되어왔답니다.

하지만 아주 희망이 없는 건 아닙니다. 위에서 말했듯이, 신경세포는 재생이 불가능한 것이 아니라 여러 여건상 재생이 억제된 것이기 때문이지요. 요즘 연구되고 있는 줄기세포를 이용한 신경 치료는 이런 뇌세포의 한계에 도전해, 아예 시험관에서 줄기세포를 신경세포로 분화시켜 신경계에 직접 넣어주는 방법을 연구하고 있답니다. 아직까지 뇌에 대한 연구는 걸음마 수준이어서 지금은 그저 '가능성'만 논할 뿐이지만, 언젠가 우리가 뇌를 완전히 이해하게 될 때가 오면 가능성은 현실이 될 수 있습니다.

인간의 뇌는 잊는 데 더 익숙하다

시험공부를 하다 보면 간절히 바라게 되는 능력이 있습니다. 한번 본 내용은 잊어버리지 않는 능력 말입니다. 그러면 공부를 힘들게 하지 않고도 높은 점수를 받을 테니까요. 우리는 뇌를 기억 저장 장치로 보기 때문에, 망각은 부자연스러운 속성이라고 생각합니다. 그래서 망각을 가져오는 메커니즘도 '부식 모델'과 '간섭 모델'이 오랫동안 받아들여졌습니다.

'부식 모델decay model'이란 말 그대로 시간의 흐름에 따라 기억이 닳아 없어진다는 가설입니다. 신발을 오래 신으면 구두 굽이 닳고 옷을 오래 입으면 옷소매가 해지듯이, 기억도 시간이라는 마찰력에 마모되어 서서히 사라진다는 주장이죠. 대부분의 기억이 처음에는 선명하다가 시간이 지날수록 희미해지는 것도 부식 모델을 뒷받침하는 강력한 증거로 제시되었습니다.

망각에 대한 두 번째 설명은 '간섭 모델interference model'입니다. 우리는 정기적으로 옷장을 정리하고 낡거나 필요 없는 옷을 버립니다. 그렇지 않으면 옷장이 가득 차서 엉망진창이 될 테니까요. 마찬가지로 우리 뇌의 기억 용량에는 한계가 있어 여러 기억이 계속 쌓이면 이들끼리 자리다툼을 하다가 그중 일부가 밀려나 사라진다는 가설입니다. 한꺼번에 여러 단어를 외우려다 보면 뒤죽박죽 뒤섞여 하나도 제대로 외울 수 없거나 잡생각이 끼어들면 아무것도 기억할 수 없는 경우가 많다는 사실이 이러한 주장을 뒷받침합니다. 그런데 기억이 닳아서 없어지든 경쟁하다 밀려나든 기존의 망각 모델은 망각 과정이 의도된 것이 아니라 어쩔 수 없이 일어나는 수동적인 과정이라고 보는 시각이 주류였습니다. 그런데 최근에는 망각이라는 것이 생물이 생존을 위해 선택한 능동적이고 적극적인 과정이라는 보고가 나오고 있습니다.

생물학에서는 몇 가지 대표적인 실험동물이 있습니다. 그중 예쁜꼬마선충Caenorhabditis elegans이라는 선충류가 있습니다. 예쁜꼬마선충을 이용해 실험하던 중 우연히 과학자들은 무사시-1MSI-1이라는 단백질을 만들지 못하는 돌연변이 선충이 기억력이 더 뛰어나다는 사실을 밝혀냈습니다. 즉, 선충 주변에 좋아하는 냄새나 싫어하는 냄새가 나는 물질을 놓아두어 위치를 기억하게 한 뒤, 나중에 같은 곳에 놓았을 때 과거를 기억해 좋은 냄새가 났던 곳으로 움직이는지 싫은 냄새가 났던 곳을 피하는지를 관찰하고 기억력을 연구한 것입니다. 연구자들은 무사시-1 유전자가 고장 난 돌연변이 선충이 보통의 선충보다 더 기억력이 뛰어나다는 사실을 발견합니다.

생물 계통상 더 복잡한 생쥐를 이용한 실험에서도 metabolic glutamate receptor 5(mGluR5)라는 유전자가 고장 난 쥐는 한번 학습한 내용을 잊지 못한다는 사실이 밝혀집니다. 그리고 비교 연구를 통해 사람의 DNA 속에도 망각 유전자와 비슷한 구조를 지닌 유전자가 있다는 사실을 알아냅니다. 망각을 일으키는 유전자가 일상적으로 존재한다는 것은 망각이 어쩔 수 없이 일어나는 수동적인 과정이 아니라 꼭 필요한 능동적인 과정이라는 말이 됩니다. 즉, 우리 신체는 '일부러' 망각이라는 과정을 선택적으로 진화시켰다는 것이지요. 언뜻 이해되지 않습니다. 무언가를 더 많이 기억하는 것이 더 많이 잊는 것보다 생존에 더 유리해 보이기 때문입니다. 망각의 모순된 비밀을 푸는 열쇠로 등장한 것이 바로 '과잉기억증후군hyperthymestic syndrome'을 가진 사람입니다. 과잉기억증후군이란 말 그대로 일상의 모든 것이 뇌리에 영원히 남아서 기억하는 증상을 뜻합니다. 매우 드문 증상이어서 지금까지 과잉기억증후군으로 공식 판정된 사람은 단 25명뿐입니다. 이들의 공통점은 살아온 날들의 기억이 마치 돌에 장면 하나하나가 새겨지듯 머릿속에 기록된다는 것입니다. 흔히 생각하기에 기억력이 좋다면 살아가는 데 유리할 것만 같은데, 실제 이 증상을 가진 이들은 뛰어난 기억력이 자신을 망가뜨리고 있다고 하소연합니다. 좋은 기억뿐 아니라 잊고 싶은 기억까지 계속 떠올라 과거의 슬픔과 분노에 사로잡혀 감정 낭비가 심한 경우가 많습니다. 대개는 억울한 일을 당했을 때 당시만 화가 나고 잊어버리지만, 이들은 이 기억을 잊지 못해 과거에 사로잡힌 채 현재를 제대로 살 수 없습니다.

또 다른 경우도 있어요. 솔로몬 V. 셰르솁스키Solomon V. Shereshevsky, 1886~1958는 의미 없는 철자들의 나열이나 알지 못하는 외국어를 몇 페이지씩 읽어주어도 그대로 암송할 정도로 기억력이 좋아 '미스터 메모리'라는 별명으로 불렸답니다.

그런데 이 좋은 기억력 때문에 오히려 책 한 권도 제대로 읽을 수 없었다고 고백했지요. 책을 읽으려고 하면 단어 하나하나마다 연관된 이미지와 기억이 계속 떠올라 오히려 문장이나 책 전체가 주는 메시지를 파악하는 데 방해가 되었기 때문입니다. 글 한 줄 읽는데 오만 생각이 나서 책을 제대로 읽을 수 없었던 것입니다. 심지어 누군가와 대화할 때도 상대가 말하는 단어 하나하나마다 떠오르는 기억들 때문에 대화 자체에 집중할 수 없었다고 합니다. 그러니 사람들과의 관계가 좋을 수만은 없었지요.

사실 이런 극단적인 예를 들지 않더라도, 어느 정도의 망각은, 특히 아프고 괴로운 기억을 망각하는 것은 생존에 도움이 됩니다. 끔찍한 경험을 한 사람이 그 기억을 잊을 수 없다면 그는 남은 일생을 기억의 무게감에 짓눌린 채 살아가야 할 것입니다. 그건 살아도 사는 게 아니겠지요. 한 연구에 따르면, 어느 정도의 망각은 낙천적 사고방식과 미래에 대한 희망을 갖는 데 결정적이라고 합니다. 살다 보면 어렵고 힘들고 괴로운 일을 누구나 한 번쯤은 겪습니다. 하지만 이 기억을 망각이라는 무기로 무디게 만들기 때문에 내일은 오늘보다 나아지고 미래는 과거보다 행복할 것이라고 생각합니다. 그리고 이것이 우리가 오늘을 살아내는 데 커다란 버팀목이 됩니다. 괴로운 현실에 처한 사람이 내일도 오늘과 다르지 않게 계속 이어질 것이라는 생각에 빠지는 순간, 우리는 더 이상 살아갈 힘을 잃어버리고 맙니다. 절망의 순간에 생명의 끈을 스스로 놓아버린 이들은 바로 이런 기분에 사로잡힌 경우가 대부분입니다.

이런 점에서 망각은 생존에 도움이 되는 형질입니다. 우리가 망각 유전자를 가지고 태어나는 이유가 있는 것입니다. 그런데 생존에 도움이 되기

알츠하이머 증후군에 관한 영화, 〈내 머리 속의 지우개(2004)〉

위해 망각 유전자가 존재한다면, 생존에 도움이 되지 않는 망각에는 철저히 저항할 필요가 있습니다. 특히 큰 사고를 당할 때가 그렇습니다. 큰 사고가 주는 괴로움과 절망감을 견디기 너무 힘들어서 망각 유전자를 발동시킨다면 그와 동시에 사고가 일어난 원인과 과정까지 같이 잊게 될 것입니다. 그러면 비극은 또다시 되풀이되겠죠. 근본적인 원인을 파악하지 못한 망각은 현실로부터의 도피 그 이상도 이하도 아닙니다. 인간은 동물과 다르게 유전자의 명령만으로 구성된 삶을 살아갈지 말지 판단하고 선택할 수 있습니다. 인류의 문명은 유전자의 명령으로부터 벗어난 인간의 선택을 기반으로 만들어졌습니다. 우리는 아픔의 기억은 잊되 아픔을 가져다준 원인과 과정은 잊지 말아야 합니다. 아이들이 다시는 같은 일로 아픈 세상에서 살아가지 않게 하기 위해서라도 말입니다.

10

머리를 보면
사람이 보인다?

마음이 만들어지는 곳에 대한 연구

뇌는 인류에게 남겨진 마지막 신대륙이라 해도 좋습니다.
인간의 뇌를 연구하는 것은 곧 인간의 본질을 연구하는 것이므로,
우리가 오랜 세월 끊임없이 던져온 '나는 누구인가?'라는 질문에
해답을 찾아나가는 하나의 과정이 될 것입니다.

···

아름다움의 기준은 나라마다, 시대마다, 개인마다 다르다고 합니다. 사람들에게 여성의 눈, 코, 입, 귀, 얼굴형을 따로따로 제시하고, 이들을 조합해 가장 예쁘다고 생각하는 얼굴을 만들어보라고 한 적이 있습니다. 그랬더니 사람에 따라 미의 기준이 조금씩 다르긴 하지만, 가장 많은 사람이 가장 예쁘다고 생각한 얼굴은 커다란 눈에 작은 턱, 동그란 이마를 가진 얼굴이었습니다.

이 조합에서 뭔가 생각나는 게 없나요? 이런 특징이 가장 두드러진 얼굴은 바로 아기의 얼굴입니다. 사람들은 자신도 모르는 사이에 아기의 얼굴을 닮은 사람을 예쁘다고 생각하는 것 같습니다. 실제로 이마가 동그랗고 반듯하면 자기 나이보다 어려 보입니다. 요즘에는 이런 추세를 반영하듯 지방을 주입해 납작한 이마를 동그랗게 만드는 성형수술이 '동안 열풍'을 타고 유행하기도 하지요. 가야에서는 이마가 편평한 것이 귀족의 상징이어서 어린아이 때부터 이마를 돌로 눌러 납작하게 만들었다고 하는데, 지금은 정반대로 가고 있네요.

영혼은 심장과 뇌, 어느 쪽에 존재할까?

여러분, 혹시 골상학骨相學이라는 말 들어본 적이 있나요? 시대에 따라 동그랗거나 납작한 두상이 인기를 끌기도 했지만, 한때는 두상의 모습에 따라 사람들을 분류하기도 했답니다. 골상학은 19세기 서양을 풍미한 유사 과학의 일종으로 현재는 거의 사라지긴 했지만, 생김새를 지능이나 성품과 연결시키는 풍조는 여전히 남아 있지요.

그렇다면 골상학이란 무엇일까

골상학의 유행

한때는 뇌의 모양에 따라 사람들을 분류하기도 했습니다. 19세기 서양에서 골상학이 발전했던 것이죠. 지금은 허무맹랑한 것으로 밝혀졌지만 사람들이 뇌에 관심을 갖게 된 계기가 되었답니다.

요? 그리고 왜 골상학이 '유사 과학'으로 불리게 되었을까요? 지금부터 하나씩 알아봅시다. 오랜 세월 동안 사람들은 몸과 마음이 각기 다른 존재라고 여겨왔습니다. 육체는 죽으면 흙으로 돌아가지만, 영혼은 영생永生하는 존재라고 생각했죠. 또한 사람들은 마음을 감정과 이성으로 나누어 감정은 심장에, 이성은 뇌에 있다고 생각했습니다. 격한 감정 앞에서는 가슴이 아프다거나 심장이 터질듯하다는 표현을 쓰고, 이성적이고 지적인 사고 능력에 관해선 머리가 좋다거나 두뇌가 비상하다는 말을 쓰곤 하죠. 이렇듯 사람들은 마음, 즉 혼을 담는 그릇이 육체라고 생각했기 때문에, 몸의 일부 중에서도 고귀한 혼을 담는 중요한 부분이 있을 것이라고 생각했습니다.

오랫동안 사람의 진실한 마음은 심장에 존재한다고 믿어왔습니다. 우리의 영혼이 머리에 존재할 거라고 생각하기 시작한 것은 이보다 한참 뒤인 18세기에 들어서였습니다. 프랑스의 외과 의사 라 페로니는 뇌량腦梁, corpus callosum이 손상된 환자를 대상으로 실험해, 뇌와 마음 사이에 일종의 상관관계가 있다는 사실을 알게 되었습니다. 뇌량은 좌뇌와 우뇌를 연결해주는 다리 역할을 하는 부분입니다. 사고로 뇌량이 끊어진 환자는 좌뇌와 우뇌 사이에 정보 교환이 불가능해 우뇌에서 느낀 감정을 좌뇌로 전달하지 못해 언어로 표현할 수가 없습니다. 예를 들어, 잘 익은 빨간 사과를 보고 '맛있겠다'는 감정을 느껴서 입안에 군침이 돌아도 이 느낌을 '맛있다'라는 단어로 표현하지는 못하게 되는 것이죠.

라 페로니는 1741년 머리에 심한 상처를 입어 뇌량이 손상된 환자에 관한 보고서를 발표합니다. 이 보고서에서 그는 환자의 상처 부위에 물을 뿌렸더니 환자가 정신을 잃었고, 다시 이 물을 뽑아내자 환자가 의식을 되찾았다는 실험 결과를 내놓습니다. 그는 이 실험을 통해 '영혼이 기능을 발휘하는' 부위를 발견했다고 주장한 것이죠. 이제 사람들은 마음과 뇌가 따로 존재하는 것이 아니라 그 둘이 어떤 방식으로든 서로 관련이 있다고 생각하게 되었답니다. 그러나 지금 생각해보면 정말로 무식하고 환자를 전혀 배려해주지 않는 실험이었

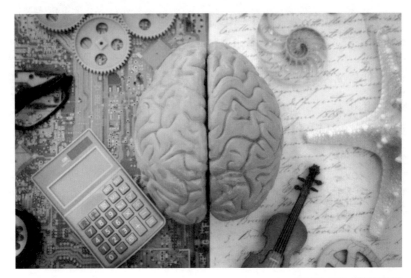

좌뇌와 우뇌

뇌는 크게 좌뇌와 우뇌로 구분할 수 있는데, 좌뇌는 수리력과 사고력을, 우뇌는 감정과 창조성을 주로 담당한다고 알려져 있습니다.

습니다. 지금이라면 이런 실험은 꿈도 꿀 수 없을 뿐 아니라, 설사 행해졌다 하더라도 연구자는 손가락질 받고 연구 결과는 폐기 처분되었을 것입니다. 그럼에도 페로니의 실험은 인간의 마음이 독립적인 존재가 아니라 뇌와 매우 밀접한, 즉 뇌 자체가 마음과 영혼을 구성하는 존재라는 사실을 어렴풋이나마 인식하게 해주는 계기가 되었다고 합니다.

잘못된 실험에서 비롯되긴 했어도 이 실험을 전후해 사람들은 본격적으로 뇌에 흥미를 느끼고 그 기능에 관해 탐구하기 시작합니다. 여기서 탄생한 학문이 19세기를 풍미한 유사 과학, 즉 골상학이랍니다.

골상학이란 무엇인가

골상학은 간단히 말하자면, 인간의 마음을 지배하는 곳이 머리이므로 머리를 구성하는 두개골의 구조를 파악하면 인간의 성격이나 정신적 능력을 측정할 수 있다고 주장하는 학문입니다. 우리의 정신 활동은 신경세포들의 프로세스와 정보 교환을 통해 이루어진다는 생각은 맞지만, 여기서 '뇌가 아닌 두개골을 시각적으로 측정해 그런 기능을 담당하는 위치를 알 수 있다'라는 가정은 잘못입니다.

이런 가정은 지금의 관점에서 보면 허무맹랑한 소리지만, 당시에는 꽤나 그럴듯한 이론으로 받아들여져, 두개골을 계측한다는 의미의 두개계측학craniometry이라는 학문으로 불리기도 했답니다.

골상학을 주장한 대표적인 인물은 독일의 의사 프란츠-조셉 갈Franz-Joseph Gall, 1758~1828입니다. 그는 인간의 뇌에는 약 28개의 '기관'이 있으며, 이것들은 두개골의 형성에 영향을 주기 때문에 두개골을 자세히 관찰하면 그 사람을 파악할 수 있다고 주장했습니다. 쉽게 말해서, 살인범의 뇌에는 '살인 기관'이 존재하기 때문에 두개골을 자세히 관찰하면 그 부위가 발달되어 튀어나온 것을 확인해 살인범을 가려낼 수 있다는 것이죠. 이 주장은 어느 정도 라마르크De Lamarck, 1744~1829의 용불용설에 따릅니다. 팔을 많이 사용하면 근육이 붙어 굵어지는 것처럼, 뇌의 기관 중에도 자주 쓰는 부위는 커지고 그렇지 않으면 줄어들어 두개골도 솟아오르거나 함몰할 것이라고 생각했습니다.

그래서 두개골의 올록볼록한 모양은 그 사람이 어떤 종류의 생각을 많이 하고 있는지 보여준다고 믿었죠.

여기서 잠깐 용불용설^{用不用說}에 관해 설명해볼까요? 용불용설은 프랑스 생물학자 라마르크가 주장한 진화론에 관한 학설인데요. 동물의 기관 중에서 사용 빈도가 높은 유용한 기관은 발달하고 사용하지 않는 기관은 퇴화한다는 이론입니다. 예를 들면, 오른손잡이 투수는 오른팔이 왼팔보다 몇 cm 더 길고 근육이 더 발달된 경우가 많습니다. 수없이 공을 던지는 과정에서 오른팔을 왼팔보다 더 많이 사용하기 때문에 나타나는 현상입니다. 이처럼 훈련과 경험의 반복으로 얻어진 후천적인 형질을 '획득형질'이라고 하는데, 라마르크는 획득형질이 유전된다고 주장했습니다.

이 주장은 얼핏 그럴듯해 보입니다. 실제로 아이는 부모를 많이 닮기 때문에 비슷한 체형을 보이기도 하고요. 하지만 이는 유전적 특성에 따른 것이지 획득형질에 의한 것은 아닙니다. 만약 획득형질이 유전된다면 오른팔이 더 굵은 부모에게서 태어난 아이는 날 때부터 오른팔이 더 발달되어 있어야 하겠지만 실제로 그런 일은 일어나지 않습니다.

물론 인간의 뇌가 성격이나 정서, 지각, 지성 등의 근원이고, 뇌의 위치에 따라 담당하는 정신 기능이 다르기는 합니다. 뇌가 부위별로 서로 다른 기능을 담당하는 것은 맞습니다. 머리 옆쪽에 위치한 해마가 망가지면 기억이 저장되지 않고, 언어중추인 베르니케 영역이 망가지면 실어증에 걸리는 것처럼 말이죠. 그러나 뇌의 기능적 차이를 눈에 보이는 두개골의 차이에 대입한 것이 문제입니다. 뇌의 어느 부분이 발달하든 이것이 두개골의 모양에 영향을 미치지는 않습니다. 인간의 정신을 조정하는 부위가 '뇌'라는 발상은 틀리지 않지만, 인과관계가 불분명한 결과를 주장한 게 문제였죠.

그러나 19세기에는 이것이 진실로 받아들여지고 체계적으로 정리되기도 합니다. 얼핏 들으면 그럴싸하기도 했으니까요. 게다가 당시 시대 상황과 맞물리는 부분도 있었고요. 범죄자에게는 '범죄인 상相'이 있어서 얼굴만 봐도 알 수 있고, 심지어 이 특징이 유전된다고 믿는 사람조차 있었습니다. 게다가 꽤 많은 지식인이 골상학, 나아가 우생학을 적극적으로 받아들이지요.

유사 과학의 공포와 염색체 연구

골상학이 유행하면서 점차 광적으로 변해가는 사람들이 나타났습니다. 그들은 사회에서 지탄받고 죽어 마땅한 흉악한 범죄자가 자신과 같은 사람이라는 사실을 받아들이기 싫었던 모양입니다. 그리하여 자신들은 범죄자와 다르다는 것을 밝히는 데 점점 열을 올렸습니다. 유전적으로 '악의 피'를 타고나 범죄자가 되었고, 그들의 피는 '범죄자의 성향을 가진 더러운 피'이므로 우리 가문이나 집단에 소속될 수 없으며, 그들과 혈연이 섞이는 것을 방지해 '순수하고 고귀한 혈통'을 이어가자는 생각이 퍼집니다.

귀족과 평민의 전통적 신분 질서가 붕괴되는 시기의 사람들은 '과학'이라는 새로운 가치관의 힘을 빌려 또 다른 특권을 강화하는 수단으로 '악용'했다는 의심을 지울 수 없습니다. 과거 좋은 가문의 고귀한 혈통 개념을 순도 높은 우성 유전자를 지닌 가계로 대치시킨 것이죠. 유전은 인간의 힘으로는 어찌할 수 없는 일이기에 모든 것을 운명으로 돌립니다. 어떤 이는 자신이 더러운 범죄자와는 달리 선택받은 자식이라는 확신을 가지고 살아갑니다. 또 어떤 이는 어두운 악의 씨앗을 품고 태어난 죄의 결과물인 자신이 어두운 숙명을 안고 살아가야 한다는 것을 알게 됩니다. 이는 운명을 자신이 개척하는 것이 아니라, 나의 유전자가 그렇게 만든 것(당시에는 유전자라는 단어가 아직 없었습니다만)이라는 생각을 갖게 해 사회의 온갖 부조리를 그대로 받아들이는 기제로 작용할 수 있습니다.

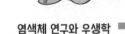

염색체 연구와 우생학

염색체 연구에도 빛과 어둠이 존재합니다. 우리는 현재 염색체 연구를 통해 다양한 질병 인자를 발견해 치료법을 개발하고 있습니다. 하지만 한편에서는 이러한 결과가 오히려 '유전자 우생학'을 뒷받침하는 근거로 사용될까 봐 우려하기도 합니다.

실제로 골상학이 유행하던 시절에 함께 유행하던 우생학eugenics은 이를 좀 더 노골적으로 드러냅니다. 우생학은 다윈의 사촌이기도 한 프랜시스 골턴Francis Galton, 1822~1911이 창시한 학문으로, 인류의 존속을 위해 유전적으로 우수한 사람들만 자손을 남겨야 하고 열등한 유전자를 지닌 사람들의 재생산을 막아야 한다는 끔찍한 주장을 펼칩니다. 19세기에서 20세기까지 사회 전반에 퍼져 있던 제국주의적 식민 지배와 초기 자본주의의 모순이 맞물리면서 우생학은 권력자들의 입맛에 걸맞은 통치 이념으로 자리 잡습니다. 과학을 빙자해 권력 수행의 도구로 이용했다는 것이죠.

이런 점에서 골상학뿐 아니라 염색체 연구chromosome research가 우생학적 차별의 근거로 악용되기도 했습니다. 사람들은 범죄자를 자신과 전혀 다른 존재라고 생각하기 때문에, 유전적인 문제나 외모 등을 들어 정상적인 사람과 구분하려는 시도에 쉽게 솔깃해집니다(이에 관한 일화는 뒤에 나오는 Science Episode를 참조하세요). 골상학은 이런 사람들의 심리를 교묘히 파고들어 수많은 차별과 편견을 만들어 놓고 사라진 학문입니다.

비단 골상학뿐 아니라 모든 유사 과학은 사람들을 쉽게 현혹시킵니다. 사람들은 눈앞에 보이고 그럴듯하며 믿고 싶은 사실만 믿으려는 경향이 있으니까요. 이런 경향은 지금도 이어져 O형은 성격이 급하고, A형은 꼼꼼하고, 흑인은 게으르고, 동양인은 계산적이며 우울하다는 말을 아무렇지 않게 하고 있습니다. 이런 이야기는 논리적 인과관계가 없는 우연의 결과임에도, 언뜻 그럴듯해 보이는 증거를 들먹이며 지적 허영심과 맹목적인 복종을 이용해 사람들을 현혹합니다. 그러나 과학적으로 정확하고도 객관적인 증거는 없습니다. 그럴듯해 보이지만 논리적 연결 고리가 없다는 것이 바로 유사 과학의 특징이랍니다. 여러분은 이런 거짓된 현혹에 속지는 않으시겠죠?

피니어스 게이지 사건을 통해 본 뇌와 영혼의 관계

이러한 인식의 혼란 속에서도 한쪽에서는 사람들의 생각이 조금씩 깨이고 있었어요. 1848년에 일어난 피니어스 게이지^{Phineas P. Gage} 사건은 게이지 개인에게는 엄청나게 불행한 사건이었지만, 훗날 사람들이 뇌와 정신, 뇌와 마음, 뇌와 영혼의 상관관계를 밝히는 데 커다란 실마리를 남겨줍니다.

1848년 9월 13일, 당시 한창 붐이 일던 철도 건설 현장에서 현장 주임으로 일하던 25세의 게이지는 폭발 사고로 큰 말뚝이 머리를 꿰뚫는 부상을 입게 됩니다. 길이 110cm, 무게 6kg, 직경 3cm가 넘는 쇠말뚝이 그의 왼쪽 광대뼈 부근부터 그대로 머리를 관통하는 아주 끔찍한 사고였죠.

상처가 너무나 처참해 처음에는 누구도 게이지가 살아날 것이라

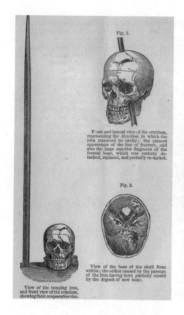

Front and lateral view of the cranium, representing the direction in which the iron traversed its cavity; the present appearance of the line of fracture, and also the large anterior fragment of the frontal bone, which was entirely detached, replaced, and partially re-united.

View of the base of the skull from within; the orifice caused by the passage of the iron having been partially closed by the deposit of new bone.

View of the tamping iron, and front view of the cranium, showing their comparative size.

피니어스 게이지의 뇌를 관통한 말뚝

말뚝은 게이지의 대뇌 전두엽 하단과 변연계에 심각한 손상을 입혔습니다. 변연계는 공포와 분노, 증오와 쾌락 같은 감정을 담당하고 전두엽은 이성을 관장합니다. 이 부위를 다친 게이지는 자신의 감정을 주체하지 못했습니다. 게다가 이성적 사고를 하는 대뇌 전두엽까지 손상을 입었으니 더욱 성격을 걷잡을 수 없었을 것입니다.

생각하지 않았습니다. 게이지는 비록 한쪽 눈의 시력을 잃기는 했지만 기적적으로 되살아났습니다. 사람들은 모두 게이지가 천운을 타고났다고 기뻐했는데 문제는 이후에 일어났지요.

사고 전의 게이지는 온화하고 예의 바른 사람이었습니다. 그런데 머리를 심하게 다치고 난 뒤 변덕스럽고 폭력적이고 고집 센 심술쟁이가 되어버렸습니다. 완전히 다른 사람이 된 그는 도저히 다른 사람들과 일을 할 수 없는 지경에 이르렀습니다. 과연 착하고 유순하던 게이지를 이토록 변화시킨 원인은 무엇이었을까요?

게이지의 놀라운 기적과 그보다 더 놀라운 인성의 변화를 지켜보던 의사는 게이지의 가족을 설득해 그의 사후 두개골을 의학 연구하는 데 기증하도록 설득했습니다. 게이지의 두개골과 머리를 관통했던 쇠말뚝은 현재 하버드 의과대학 카운트웨이 도서관^{Harvard's Countway Library of Medicine}에 전시되어 있답니다. 게이지의 이 불행한 사건은 사람의 정신이나 영혼이 심장이 아니라 머릿속에 있고, 뇌를 다치면 이전과는 전혀 다른 사람이 될 수 있다는 가능성을 어렴풋하게나마 깨닫게 해줍니다.

게이지의 사건이 일어나고 130여 년이 지난 뒤, 아이오와대학교의 안토니오 다마지오^{Antonio Damasio} 교수는 이 사건을 과학적으로 분석해 게이지가 다른 사람이 된 원인을 밝혀냈습니다. 컴퓨터 시뮬레이션 결과 게이지는 말뚝에 의한 좌뇌의 전두엽 부분과 변연계의 손상으로 성격이 변했을 것이라 보았지요. 실제로 전두엽 부위에 손상을 입은 환자들은 기억과 계산 등의 정신 활동에는 문제가 없지만, 타인과 잘 어울리지 못하고 자신의 행동이 주변 사람들과의 관계에 어떻게 보일지 예측하는 능력은 부족해 반사회적인 행동을 자주 하게 된다고 합니다.

인간 본성을 찾아낼 콜럼버스는 누구일까

이제 많은 사람들이 인간의 정신 활동이 신경세포들의 다양한 시냅스의 구성에 따른 것이며, 신경세포의 손상은 신체 활동과 감각뿐 아니라 정신적인 능력의 손실로 이어진다는 사실을 받아들이고 있습니다. 또한 뇌의 각 부분이 어떤 인지 기능을 담당하는지, 어떤 충격이 뇌를 파괴하는지, 어떤 과정으로 치매가 일어나는지를 깨닫고 외부의 충격으로부터 손상을 입은 뇌를 원상회복하기 위한 연구도 많이 이루어지고 있습니다.

그러나 아직 우리는 뇌에 관해 알지 못하는 부분이 많습니다. 애초에 왜 인간의 뇌가 다른 동물들의 뇌와는 달리 '인식'을 가지게 되었는지 모릅니다. 왜 인간은 '사후 세계'라는 개념을 갖고 존재에 대한 의문을 갖는지 우리는 알지 못합니다.

뇌는 인류에게 남겨진 마지막 신대륙이라 해도 좋습니다. 수천 년 전부터, 아니 인간에게 '생각'할 수 있는 능력이 생긴 순간부터 인간은 어디서 와서 어디로 가는지, 인간의 '본성'이란 무엇인지 끊임없이 생각해왔습니다. 인간의 뇌를 연구하는 것은 곧 인간의 본질을 연구하는 것이므로, 우리가 오랜 세월 끊임없이 던져온 '나는 누구인가?'라는 질문에 해답을 찾아나가는 하나의 과정이 될 것입니다.

범죄자는 염색체부터 다르다?
제이콥스증후군 이야기

염색체 연구는 염색체를 조사해 질병과 유전 이상뿐 아니라 범죄 성향이나 정신까지 분석해낼 수 있다는 전제하에 이루어진 연구를 말합니다. 1960년대 분자유전학이 발달하면서, 범죄자나 정신병 환자에게 염색체상의 이상 유무를 점검해보는 방법이 시도되었습니다.

사람의 염색체는 보통 22쌍의 상염색체와 한 쌍의 성염색체로 이루어져 있어서 총 46개이고, 상염색체는 남녀 모두 동일하나 성염색체는 남자가 XY, 여자가 XX로 다르지요. 그런데 때로는 생식세포의 감수분열 이상으로 염색체가 제대로 분리되지 않아, 성염색체가 XO(터너증후군, 여자)거나 XXY(클라인펠터증후군, 남자)인 경우도 존재합니다. 이들에게는 다소 뚜렷한 이상 증세가 나타나기도 합니다. 이에 일부 사람들은 '유전자가 인간을 구성하는 지도라면, 유전적으로 이상이 있는 사람은 사회적인 행동에서도 비정상적인 경향을 보이지 않겠는가?'라고 생각하게 됩니다. 이런 가정하에 시도된 것이 1965년 영국의 정신과 의사인 제이콥스$^{Patricia\ Jacobs}$의 조사입니다.

제이콥스는 교도소에 수감되어 있는 정신이상자와 범죄인의 염색체를 분석한 결과 특이하게 XYY의 성염색체를 가진 사람이 많다는 사실을 발견합니다. 이런 이상 질환을 제이콥스의 이름을 따서 '제이콥스증후군'이라 부릅니다. 분석 결과에 따라 남성을 구별 짓는 Y염색체가 하나 더 있으면 공격적이고 폭력적인 성향을 나타낸다고 결론짓습니다. 그리고 겉으로 정상적으로 보이는 XYY 남성에 대한 차별을 정당화시키는 근거가 됩니다. 뭔가 이상합니다. XYY 남성은 염색체 검사를 받기 전까지는 다른 사람들은 물론이거니와 스스로도 어떤 이상이 있는지 전혀 알 수 없으니까요. 그래서 1969년 케임브리지 심포지엄에서 너무 적은 수를 대상으로 한, 우연하고도 성급한 결론이라는 평결로 일단락되었습니다. 하지만 파장은 커서 한동안 사람들은 XYY 남성은 폭력적이고 범죄 성향이 짙다고 믿는 이유가 되었습니다.

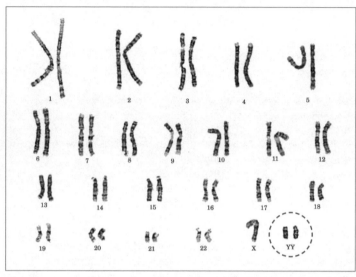

제이콥스증후군을 가진 사람의 성염색체
일반적 남성이라면 한 개 있어야 할 Y염색체가 두 개 보입니다.

제이콥스증후군은 남성에게서 1/1,000의 빈도로 나타나는 비교적 흔한 유전 질환입니다. 이들은 평균보다 다소 키가 큰 편이고, 치아와 머리가 좀 더 크며, 천식이나 불임을 진단받을 확률이 평균에 비해 조금 더 높은 것으로 알려졌지만, 이런 증상들은 XYY 염색체형이 아닌 사람들에게도 나타나는 것이어서 증상만으로는 구분하기 어렵습니다. 그래서 XYY 증후군을 가진 사람들 중 85% 정도는 평생 자신이 이를 가지고 있는지 모른채 살아갑니다. 염색체는 DNA로 이루어진 신체의 기본 지도입니다. 따라서 염색체의 이상은 신체 발달에 영향을 주어, 이로 인해 기형이나 불편한 증상이 나타날 수도 있습니다. 하지만 이렇게 나타난 이상 증상은 치료를 받아야할 대상이지, 차별의 근거가 되어서는 안 됩니다.

참고 문헌

이 책에 나오는 용어의 사전적 정의는 주로 위키백과 한글판과 영문판을 주로 참조했습니다.

1. 자연스러운 것이 다 좋은 것일까?

질병관리청 예방접종도우미 https://nip.kdca.go.kr/
「A Brief History of Polio Vaccines」, STUART BLUME & INGRID GEESINK, Sceice 288권 5471호 (2000)
Measles, WHO 자료 https://www.who.int/news-room/fact-sheets/detail/measles
「Measles and Immune Amnesia」, Ashley Hargen, American Society For Microbiology, 2019/05/19
History of the smallpox vaccination, WHO 자료 https://www.who.int/news-room/spotlight/history-of-vaccination/history-of-smallpox-vaccination
「면역」, 필리프 데트머 지음/강병철 옮김, 사이언스북스, 2022
「최신면역학」, 미생물면역분과학회 지음/라이프사이언스, 2018『면역에 관하여』. 율리 비스 지음/김명남 옮김, 열린책들. 2016

2. 젊은이의 피는 노화를 막아줄까?

「Parabiosis in Mice: A Detailed Protocol」, Paniz Kamran 외, J Vis Exp. 80권(2013)
「Ageing research: Blood to blood」, Megan Scudellari, Nature 517호(2015)
「Young Blood and the Search for Biological Immortality」, Deni Ellis Béchard, Stanford Magazine 2020년 5월호
「Systemic induction of senescence in young mice after single heterochronic blood exchange」, OkHee Jeon 외, Nature Metabolism 4권(2022)
「Vascular and neurogenic rejuvenation of the aging mouse brain by young systemic factors」, Amy wagers 외, Science 344권 6184호(2014)
「The FDA says don't buy young plasma therapies. Here's why」, Laura Sanders, ScienceNews, 2019/02/25일자 기사
「Tech CEO Bryan Johnson admits he saw 'no benefits' after controversially injecting his son's plasma into his body to reverse his biological age」, Alexa Mihkail, Fortune Well(2023)
「Plasma-Based Strategies for Therapeutic Modulation of Brain Aging」, Viktoria Kheifets & Steven P. Braithwaite, Neurotherapeutics 16권(2019)
「Autologous Blood Transfusion in Sports: Emerging Biomarkers」, Olivier Salamin 외, Transfus Med Rev. 30권 3호(2016)
「Effects of Intermittent Fasting on Health, Aging, and Disease」, E Lamos 외, The New England Journal of Medicine 282권 18호(2020)
「노화의 종말」, 데이비드 싱클레어 & 매슈 러플랜트 지음/이한음 옮김, 부키, 2020

3. 마음에서 마음으로 생각을 전할 수 있을까?

「Historical Overview of Electroencephalography: from Antiquity to the Beginning of the 21st Century」, Christos Panteliadis, Journal of Brain and Neurological Disorders 3권 1호(2021)
「Hans Berger (1873-1941)--the history of electroencephalography」, Mario Tudor 외, Acta MEd

Croatica 59권 4호(2005)
「Paralysed woman moves robot with her mind」, Charlotte Stoddart, NatureVideo, 2012/05/16
「Opportunities and challenges in the development of exoskeletons for locomotor assistance」, Christopher Siviy 외, Nature Biomedical Engineering 7권(2023)
드라마 휴먼스(HUMANS) https://www.imdb.com/title/tt4122068/
「Merging Minds and Machines: Recent Integrations of Brain-Computer Interfaces」, Jasmin Skinner, InsideScientific https://insidescientific.com/merging-minds-and-machines-recent-integrations-of-brain-computer-interfaces/
「영원한 현재, HM- 헨리 몰레이슨이 세상에 남긴 것들과 뇌과학의 거대한 진보」, 수잰 코킨 지음/이민아 옮김, 알마, 2019
「나는 사이보그가 되기로 했다, 피터에서 피터 2.0으로」, 피터 스콧-모건 지음/김명주 옮김, 김영사, 2022
「뇌파의 이해와 응용」, 대한뇌파신경생리학회 편저, 학지사, 2017

4. 가려진 너머를 볼 수 있을까?
「신체장해의 등급과 노동력 상실률표」, 국가배상법 시행령(대통령령 제 33834호), 국가법령정보센터 https://www.law.go.kr/
「Dark adaptation, absolute threshold and purkinje shift in single units of the cat's retina」, S. Kuffler 외, Physiol. 137권 3호(1957)
「How Did We Get the Stethoscope?」, Amrican Lung Assocication, 2022/05/25 기사
빌헬름 뢴트겐 https://en.wikipedia.org/wiki/Wilhelm_R%C3%B6ntgen
Wilhelm Conrad Röntgen Photo gallery
「The history of Computed Tomography」, Ingo Zenger, Siemens Healthineers, 2021/12/01
「방사선이 인체에 미치는 영향」, 한국보건의료연구원, NECA-RAPID보고서 11-001, 2011
「의료 초음파의 역사와 미래」, 박일영, 대한외과초음파학회지 1권 1호(2014)
「The history of magnetic resonance imaging (MRI), Dudley Pennell, Royal Brompton Hospital, 2018/07/04
「보스톤 1형 인공각막이식술의 2예」, 나윤수 외, 대한안과학회지 제46권 12호(2005)
「2019년 장애인 실태조사」, 보건복지부 한국보건사회연구원
「2019년 건강보험공탄 통계 연보」, 등록번호 11-B50928-000001-10, 건강보험심사평가원(2020)
각막이식 https://en.wikipedia.org/wiki/Corneal_transplantation
시각보철전문 회사 세컨드사이트 https://secondsight.com/discover-argus/
「안과학」, 곽상인 외 지음, 일조각, 2023
「뢴트겐의 생애와 X선의 발견」, 김성규&이준일 지음, 대학서림, 1997
MRI에 산소통 끼여 환자 숨진 사고…"의사가 지시한 의료사고", 윤경재 기자, KBS, 2021/12/29일자 기사
Wilhelm Conrad Röntgen Photogallery(https://www.nobelprize.org/prizes/physics/1901/rontgen/photo-gallery/)

5. 범죄의 현장에는 기억이 남는다?

「The History of PCR」, ThermoFisher, https://www.thermofisher.com/kr/ko/home/brands/thermo-scientific/molecular-biology/molecular-biology-learning-center/molecular-biology-resource-library/spotlight-articles/history-pcr.html

CSI:과학수사대 시리즈(CSI: Crime Scene Investigation), 제리 브록하이머 제작

국립과학수사연구원 https://www.nfs.go.kr/

「법의혈청학」, 곽영길 지음, 충남도립대학교 강의자료 http://contents.kocw.or.kr/KOCW/document/2015/cnue/kwakyeonggil/9.pdf

「Forensic genetics」, Chengtao Li, Forensic Sci Res 3권 2호(2018)

「What Are The Three Basic Steps of Conventional PCR?」, Sherouk Shehata, Praxilabs, 2022/07/27

『사이코메트러 에지(전 12권)』, 안도 유마 글/아사키 마사시 그림, 학산문화사, 2004

『포렌식 사이언스, 범인을 찾아라』, 사무엘 거버 지음/오문헌 옮김, 전파과학사, 2023

6. 피는 정말 신성한 것일까?

대한의사협회 의학용어위원회 의학용어사전(제6판) https://term.kma.org/

「Erythroblastosis fetalis」, George N. Nassar & Cristin Wehbe, STATPEARLS(National Library of Medicine), 2023

「최초의 수혈은 언제부터였을까?」, 레드스토리, 대한적십자사 공식블로그, 2022/3/23 https://blog.naver.com/PostView.nhn?blogId=blood_info&logNo=222679824645

「수혈의 역사」 박지욱, Medifonews, 2016/12/15

「혈액과 수혈(2판)」, 대한혈액학회 자료, 2018 https://www.hematology.or.kr/sub07/file/2/hematodyscrasia10.pdf

「나라별 가장 흔한 혈액형」, 최영호, Madtimes, 2021/11/14

「Relationship between the ABO Blood Group and the COVID-19 Susceptibility」, Jiao Zhao 외, Medrxiv, 2020/03/27

「Blood group A enhances SARS-CoV-2 infection」, SC Wu 외, Blood 142권 8호(2023)

『혈액학(3판)』, 대한혈액학회 지음, 범문에듀케이션, 2018

『5리터의 피』, 로즈 조지 지음/김정아 옮김, 한빛비즈, 2021

7. 금은 정말 만들어질 수 있는가?

「The History of Gold」, National Mining Association

「Rutherford, transmutation and the proton」, John Campbell, HIDEN, 2019/05/08

『연금술에서부터 현대 분자화학까지』, 아서 그린버그 지음/김유항 외 옮김, 자유아카데미, 2010

『화학혁명』, 사이토 가쓰히로 지음/김정환 옮김, 그린북, 2024

『아메리칸 프로메테우스』, 카이 버드 & 마틴 셔윈 지음/최형섭 옮김, 사이언스북스, 2010

『원자핵에서 핵무기까지』, 다다 쇼 지음/이지호 옮김, 한스미디어, 2019

『러더퍼드의 방사능』, 어니스트 러더퍼드 지음/차동우 옮김, 아카넷, 2020

8. 하늘은 운명을 반영하는가?

「History of astrology」, Wikipedia, https://en.wikipedia.org/wiki/History_of_astrology

「Galileo and the Telescope」, Library of Congress, https://www.loc.gov/collections/finding-our-place-in-the-cosmos-with-carl-sagan/articles-and-essays/modeling-the-cosmos/galileo-and-the-telescope

「코페르니쿠스에 대한 연구 : 사상의 기원과 과학사에서의 위치」, 임진용, 경상국립대학교 박사학위논문(2012)
「NASA probe passes Pluto, carrying ashes of man who discovered it」, Jethro Mullen, CNN, 2015/07/14
『하늘을 보는 눈』, 고베르트 실링 지음/2009세계천문의해 한국조직위원회 옮김, 사이언스북스, 2009
『천문학의 역사』, 장신운 지음, 한올출판사, 2016
『우주 탐사의 물리학』, 윤복원 지음, 동아시아, 2023
『대화』, 갈릴레오 갈릴레이 지음/이무현 옮김, 사이언스북스, 2016

9. 우리의 뇌는 정말 10%만 가동하는가?
「무한대를 본 남자」, 맷 브라운 감독, 데브 파텔/제레이 아이언스/토비 존스 출연, 2015년
「루시」, 뤽 베송 감독, 스칼렛 요한슨/모건 프리먼/최민식 출연, 2014년
「라마누잔의 수학」, 최윤서, 호라이즌, 2018/07/09, http://horizon.kias.re.kr
「Do People Only Use 10 Percent of Their Brains?」, Robynne Boyd, ScienctificAmerica, 2008/02/07
The tragic story of how Einstein's brain was stolen and wasn't even special」, Virginia Hughes, National Geofraphic, 2014/04/21
「Neuronal Redevelopment and the Regeneration of Neuromodulatory Axons in the Adult Mammalian Central Nervous System」, patric Cooke 외, Cellular Neuroscience 16권(2022)
「Why Doesn't Your Brain Heal Like Your Skin?」, Nina Weishaupt 외, Frontiers, 2016/09/26
「Solomon V. Shereshevsky: the great Russian mnemonist」, Luciano Mecacci, Cortex 49권 8호(2013)
「A Case of Unusual Autobiographical Remembering」, Elizabeth Parker 외, Neurocase 12권(2006)
「Phosphorylation of MSI-1 is implicated in the regulation of associative memory in Caenorhabditis elegans」, Pavlina Mastrandresa 외, PlosGenet. 18권 10호(2022)
「아인슈타인의 뇌를 찾아서」, 프레데릭 르포어 지음/정재철 옮김, 한티미디어, 2021
『뇌과학자들』, 샘 킨 지음/이충호 옮김, 해나무, 2016
『신경생물학의 원리』, 김경진 등저, 라이프사이언스, 2017
『우리는 왜 잊어야 할까』, 스콧 스몰 지음/하윤숙 옮김, 북트리거, 2022

10. 머리를 보면 사람이 보인다?
「Phrenology」, Britannica, https://www.britannica.com/topic/phrenology
「Fact or Phrenology?」, David Dobbs, Scientific Americanm 2005/03/24
「Phrenology: The pseudoscience of skull shapes」, Maria Cohut, MedicalNewsToday, 2021/02/02
「장님 코끼리 만지기:뇌와 의식을 이해하려는 노력들」, IBS Talk, 기초과학연구원 뉴스레터
「피니어스 게이지: 세계에서 가장 유명한 뇌 연구 사례」, 전은애, 브레인 92권(2022)
「The Return of Phineas Gage: Clues about the Brain from the Skull of a Famous Patient」, Damasio 외, Science 264권 5162호(1994)
「Jacobs Syndrome」, Brittany Sood 외, StatPearls, bookshelf, 2022/09/22
「The XYY Controbersy」, Michael Pritchard 외, Ethics in the Science Classroom, 2000
「생명과학기술의 또 다른 그늘: 유전자차별」, 김상현, 한국과학기술학회 14권 1호(2014)
『1.4킬로그램의 우주, 뇌』, 정재승 외 지음, 사이언스북스, 2021
『과학이라는 헛소리』, 박재용 지음, MID, 2018
『나를 알고 싶을 때 뇌과학을 공부합니다』, 질 볼트 테일러 지음/진영인 옮김, 월북, 2022
『왜 사람들은 이상한 것을 믿는가』, 마이클 셔머 지음/류운 옮김, 바다출판사, 2016

하리하라의 과학블로그 2

펴낸날	초 판 1쇄 2005년 11월 10일
	초 판 25쇄 2021년 4월 27일
	개정판 1쇄 2024년 4월 24일

지은이	이은희
펴낸이	심만수
펴낸곳	(주)살림출판사
출판등록	1989년 11월 1일 제9-210호

주소	경기도 파주시 광인사길 30
전화	031-955-1350 팩스 031-624-1356
홈페이지	http://www.sallimbooks.com
이메일	book@sallimbooks.com

ISBN	978-89-522-4878-7 44400
	978-89-522-4879-4 44400 (세트)

살림Friends는 (주)살림출판사의 청소년 브랜드입니다.

※ 저작권자를 찾지 못한 사진에 대해서는 저작권자를 확인하는 대로
   계약을 체결하도록 하겠습니다.
※ 값은 뒤표지에 있습니다.
※ 잘못 만들어진 책은 구입하신 서점에서 바꾸어 드립니다.